特定工业零件形状与尺寸
高精度视觉测量

郭宝云　李彩林　著

地质出版社
·北　京·

图书在版编目（CIP）数据

特定工业零件形状与尺寸高精度视觉测量 / 郭宝云，
李彩林著.—北京 ：地质出版社，2023.1
　ISBN 978-7-116-13539-0

　Ⅰ．①特… 　Ⅱ．①郭… ②李… 　Ⅲ．①机械元件-测
量 　Ⅳ．①TG801

中国国家版本馆 CIP 数据核字（2023）第 004357 号

TEDING GONGYE LINGJIAN XINGZHUANG YU CHICUN GAO JINGDU SHIJUE CELIANG

责任编辑：王雪静
责任校对：李　玫
出版发行：地质出版社
社址邮编：北京市海淀区学院路 31 号，100083
电　　话：（010）66554528（邮购部）；（010）66554542（编辑室）
网　　址：https://www.gph.clmpg.com
印　　刷：北京地大彩印有限公司
开　　本：787mm×1092mm　$^1/_{16}$
印　　张：8.75
字　　数：130 千字
版　　次：2023 年 1 月北京第 1 版
印　　次：2023 年 1 月北京第 1 次印刷
定　　价：79.00 元
书　　号：ISBN 978-7-116-13539-0

前　　言

在全球各国经济激烈竞争的环境下，各类零件加工企业都在探索不同的方法来保证自己产品的质量，其中对生产出来的零件进行形状与尺寸检测是保证零件产品质量的重要环节。随着工业部门对检测要求的进一步提高，以往的检测手段（三坐标测量机、经纬仪/全站仪工业测量系统等）难以满足要求，而这也是促使视觉测量方法研究和发展的直接原因。视觉测量方法及系统的研究开发可以弥补当前检测方法的不足，进一步解决工业检测部门的实际问题。虽然国外视觉测量技术已经进入了实用阶段，多种产品已经投入使用，但是国内视觉测量技术尚处于发展阶段，因此自主研究相应的视觉测量方法，开发性能价格比高、操作方便的实用化系统是当前必要和迫切的要求。

本书根据飞机零件加工业中常见零件的特点及其对高精度测量技术的现实需求，研究工业零件几何尺寸与形状误差的视觉测量方法。这些研究不仅可以提高飞机零件加工制造行业的生产效率和产品质量，而且对视觉测量技术在其他工业零件加工制造行业的应用也具有重要的推动作用。本书的主要内容如下：

（1）基于零件轮廓边缘点的基本图元分割方法。研究零件轮廓边缘点的多特征联合提取方法，提高零件边缘轮廓图元特征提取的精度。

（2）基于大口径远心镜头的图像采集与测量方法。利用大口径远心镜头的图像采集与测量方法，可以弥补现有二维图像测量仪的欠缺，研究内容主要包括硬件结构的选型与设计、硬件各参数调试方法（主要包括评价远心镜头畸变影响程度的方法、判断相机主光轴与检测平台垂直情况的方法，以及远心镜头的图像标定方法）、单个或多个零件的轮廓附加约束条件的轮廓特征参数求解，以及与设计数据的自动比对等。该方法克服了现有二维图像测量仪精度对视场的限制，可以对零件一次性地捕捉其整体图像，并实现零件快速高精度的自动测量，实验证明该方法测量精度可以达到 0.01 mm，满足中小尺寸平面类零件量测精度的要求。

（3）基于单数码相机的较大尺寸平面薄片类零件视觉测量方法。对于较大的平面薄片零件，研究并设计基于大像幅非量测数码相机的单目视觉检测方法，内容主要包括基于二维 DLT 和光束法平差的相机内参数的标定、基于平面控制点信息的单幅影像外方位元素的解算、影像的畸变纠正和垂直纠正、基于轮廓线的多特征提取方法的零件特征参数求解等。实验结果表明，将大像幅非量测数码相机用于较大尺寸平面薄片类零件检测的结果与三坐标量测仪的检测数据对比，其量测误差小于 0.1 mm，满足较大幅平面薄片类零件尺寸量测的要求。

（4）基于模型和广义点摄影测量的立体视觉测量方法。对于有特定几何模型的零件（如圆柱状零件），本书结合广义点摄影测量理论，研究并设计基于立体相机的视觉测量方法，主要以圆柱体零件为例进行研究，内容包括零件数学模型和轮廓的表达方法研究、基于广义点摄影测量理论的平差模型的建立，以及三维视觉测量与检测的流程。实验结果表明，对于无法获取严格意义上的同名点的检测对象来说，如工业零件，在引入广义点摄影测量后，测量可以达到很高的精度，实验中只使用 130 万像素的普通工业相机，测量精度就可以达到 0.03 mm，该精度已经满足了零件三维测量的要求。

在本书的撰写中，参考了许多参考文献，因篇幅有限，不一一列出，笔者在此对所有文献的作者表示感谢。

国家自然科学基金项目（41702525）和山东理工大学基本科研业务费为本书的出版提供了资金支持。

作　者

2021 年 5 月

目　　录

1 绪　　论……………………………………………………………………… 1

　1.1 机器视觉在工业零件检测中应用的研究背景和意义 ……………… 1

　1.2 国内外研究现状 ……………………………………………………… 3

　1.3 研究内容和方案 ……………………………………………………… 12

　1.4 本章小结 ……………………………………………………………… 17

2 零件轮廓线的多特征提取 …………………………………………………… 18

　2.1 零件轮廓线段分组 …………………………………………………… 19

　2.2 工业零件常见基本图元参数的识别 ………………………………… 27

　2.3 附约束条件的零件轮廓多特征参数整体求解 …………………… 31

　2.4 实验结果与分析 ……………………………………………………… 35

　2.5 本章小结 ……………………………………………………………… 41

3 基于大口径远心镜头的平面类零件视觉测量方法 ……………………… 43

　3.1 远心镜头的性能及优势 ……………………………………………… 43

　3.2 基于大口径远心镜头的图像测量仪设计 ………………………… 47

　3.3 平面类零件的形状与尺寸自动检测 ……………………………… 54

　3.4 实验结果与分析 ……………………………………………………… 60

　3.5 本章小结 ……………………………………………………………… 74

4 基于单数码相机的平面薄片类零件视觉测量方法 ……………………… 75

　4.1 单相机平面视觉测量基本原理 ……………………………………… 75

　4.2 基于二维 DLT 和光束法平差的相机内参数标定 ………………… 76

　4.3 基于平面控制点信息的影像外方位元素值的解算 ……………… 86

　4.4 影像纠正 ……………………………………………………………… 88

　4.5 零件几何参数值的获取 ……………………………………………… 92

　4.6 实验结果与分析 ……………………………………………………… 93

　4.7 本章小结 ……………………………………………………………… 98

5 基于模型和广义点摄影测量的圆柱类零件三维视觉测量方法 ·················99

    5.1 广义点摄影测量基本理论 ·················99

    5.2 圆柱的数学模型与轮廓表达 ·················102

    5.3 基于广义点摄影测量的圆柱体平差模型 ·················103

    5.4 圆柱体高精度三维重建与视觉检测流程 ·················109

    5.5 实验结果与分析 ·················111

    5.6 本章小结 ·················123

6 总结与未来工作 ·················124

    6.1 本书的主要工作 ·················124

    6.2 本书的创新点 ·················125

    6.3 需要进一步解决和研究的问题 ·················125

参考文献 ·················127

1 绪　　论

1.1　机器视觉在工业零件检测中应用的研究背景和意义

随着现代科技与生产力的发展，工业制造的加工对象不断变化，对加工精度以及测量效率的要求也越来越高。计算机视觉技术、光电技术和图像处理技术的飞速发展，推动了计算机视觉技术在物体几何尺寸及形状位置精确测量中的应用，诞生了全新的工业检测技术——视觉测量技术（叶声华等，1999），它是利用相机等设备获取被测对象的图像后，经过图像处理、模式识别等，与被测产品的设计数据等标准进行对比来判定被测对象的质量情况（吴立德，1993；张秀芝，2009）。视觉测量方法是高精度量测领域中最有发展潜力的新方法，它将计算机视觉技术引进到工业测量中，综合运用了计算机视觉、图像处理、模式识别、控制学等技术，实现对待检测对象的几何尺寸、形状位置等的高精度快速测量，具有非接触、速度快、易融入工业生产线等优点（冯文灏，2004；刘庆民，2006）。视觉测量方法的一般流程为：首先利用相机等图像采集手段获取待测对象的二维图像，其次利用数字图像处理、模式识别等技术对图像信号进行处理，从而获取图像中的信息并加以分析得出检测结果。目前该方法已广泛应用在农业监测、医药质量检测、交通监管等多个领域（Newman T S et al.，1995），其检测对象包含工业产品质量检测、医疗机器及药品质量检测、农产品生长状况监测、车牌号码识别等多个方面（吴立德，1993；孙双花，2007）。因此，计算机视觉测量方法的潜在应用价值相当大。

在全球各国经济激烈竞争的环境下，工业零件加工领域中的各类零件加工企业都在探索不同的方法来保证他们的产品质量，而其中对生产出来的零件进行形状与尺寸检测是保证零件产品质量的重要环节。在当下机械化大规模生产情况下，生产商当然希望生产出来的产品质量能全部合格，而实现产品的100%检测便是保证产品全部合格中最难实现的过程之一。传统的检测方法大多是人工直接利用肉眼识别，或借助一些测量工具来实现检测，例如在零件加工需求密集且质量要求高的飞机零件制造行业中，零件检测全部依赖于三坐标量测仪。检测过程对检测员的依赖性特别强，检测员的经验、责任心，甚至是情绪都可能会影响检测的结果，不同检测员的检测结果也会相差很大。此外，检测工作属于重复性工作，长时间的重复工作会使检测员感到疲劳，致使出错率随检测时间的增长而上升。相关统计数据显示，人工检测的准确率最高只能达到 80%（田思等，2000），且传统的人工检测方法往往不能实现 100%检测，大多只是抽样检测，检验结果用抽样检验结果代替（Jarvis J F，1982）。更为重要的是，传统的人工检测只能在产品生产加工完成之后开始，所以生产过程中出现的本来可以排除的问题不能及时被发现。而视觉检测却可以实现，在外界环境不变的情况下视觉检测可以保证重复性的准确性，而且可以对产品的整个生产过程进行监控，从而实现对产品 100%的实时检测，全面保证生产出来的产品的质量，可以消除人工检测带来的弊端，加快检测速度，保证检测准确性，缩短产品生产周期。

虽然国外的视觉测量技术已经进入了实用阶段，有多种产品已经投入使用，例如 V-STARS 视觉测量系统、Metronor 视觉测量系统等，但是目前国外的视觉测量系统价格较高，而国内视觉测量技术尚处于发展阶段，因此自主研究相应的视觉测量方法，开发出性价比高、操作方便的实用化系统是当前必要和迫切的需要。数字摄影测量与计算机视觉技术的快速发展（张祖勋，2004），特别是摄影测量广义点平差理论的提出与发展，为高精度、非接触式的视觉测量打下了坚实的基础。视觉检测具有非接触、效率高、准确性高、稳定性强等优点，可在很多行业广泛应用。以飞机类的零件质量检测为例，考虑其特点，借助于数字摄影测量和计算机视觉技术，并结合最新的硬件技术，研究并设计出稳定、准确的检测方法具有重要的研究价值和巨大的经济价值。这些研究不仅可以提高飞机零件加工行业的生产效率和产品质量，还对视觉测量技术在其他工业零件行业中的应用具有很大的推动作用。

由于在工业零件制造业中，待测零件的先验知识较多，待测的特征往往是圆、直线和圆弧等常见几何特征的组合，对它们的检测通常采用测量点序列进而进行拟合的方法，从而求得其特征参数值。可见，工业零件的测量与检测中，一般不需要十分复杂的算法，但要求具有很高的速度、精度和稳定性。因此，本书在保证满足实际需求的检测精度的条件下，以提高速度和稳定性为目标，充分利用现有硬件以及图像处理技术，研究并设计适合飞机工业零件加工业中常见零件检测的视觉测量方法。本书所做的研究与实验方法、流程可以作为实际工厂生产环境中的一个范例，将视觉检测技术应用到生产实践，对扩展视觉测量的应用及提高视觉检测水平具有一定的理论支持，也会对工程应用有借鉴价值。

1.2　国内外研究现状

1.2.1　视觉测量范畴及发展现状

视觉测量是指利用视觉手段获取被测物体图像，然后通过对图像进行解析而获取被测物体形状尺寸、空间位置等信息的过程，有时还要与被测物体的设计数据等标准进行对比，来判定被测对象的质量情况（Batchelor B G et al., 1992）。视觉测量方法是高精度量测领域中最有发展潜力的新方法（贺秋伟，2007），它将计算机视觉技术引进到工业测量中，综合运用计算机视觉、图像处理、模式识别、控制学等技术，实现对待检测对象的几何尺寸、形状位置等信息的高精度快速测量，具有非接触、速度快、易融入工业生产线等优点，在医学产品检测、军事监控、工业零件检测等领域得到了广泛的关注和应用（吉洪杰，2009）。目前，视觉测量系统的测量过程一般是：先利用相机获取待检测对象的图像，将图像转化为计算机可以处理的数字信号，然后利用数字图像处理等技术对其进行处理，获取待测对象所需要检测特征的几何尺寸，并利用模式识别、空间坐标计算等方法计算检测特征的实际参数值。概括起来就是利用硬件获取图像，利用软件处理图像的过程。视觉测量系统的数据获取过程通常是将待测对象放置在可控的、均匀照明的环境中，通过相机等设备获取被测对象的二维图像并将其保存到计算机中；

然后进行图像处理、识别、分析对比等，并将检测结果保存显示或用于生产线的实时控制（范壮，2006）。检测内容通常指零件表面有无瑕疵、零件配件是否完整、零件几何尺寸是否符合标准等。根据检测对象及检测任务的不同，得到的检测结果一般为被测对象的瑕疵位置、形状位置及尺寸的误差值，也可以是质量评定结果。

由上可以看出，利用视觉测量方法可以快速获取更多有关待测对象的信息，利用数字图像处理等技术实现自动处理，更加便于产品的设计信息及生产线集成，所以有很多现代化生产线将视觉测量方法大量地用于生产线监控、产品质量检验和控制等领域。

在国外，从 20 世纪 80 年代初就对视觉测量技术进行了大量的研究，至今仍在不断继续。最先采纳视觉检测方法的是美国的制造业（Batchelor B G，1978），现在已有一百多家视觉测量公司投身在视觉测量的市场中，且增长速度还在日益加快。相关的检索资料表明（沈满德，2009），已有的视觉测量方法主要应用在印刷电路板的质量、汽车整体车身质量、工业零件的形状和尺寸特征参数的测量，以及农产品的生产过程监控及果实质量检测等方面。视觉测量方法的普及可以从半导体及相关电子行业中的应用情况来体现，其中 40%左右是出现在半导体行业中。例如，印刷电路板的质量检测，随着印刷电路板的布线越来越复杂，传统的人工检测方法越来越难满足其检测需求（Silven O et al.，1986）。而视觉检测方法以其精度高、速度快等优点，为印刷电路板的自动、快速高质量地检测提供了可行的新思路。印刷电路板的视觉检测是视觉检测应用领域中的一个典型代表，目前，视觉测量系统完成了 60%左右的印刷电路板的检测任务（Hata S et al.，1989）。另外，视觉测量方法在产品质量检测等很多领域也得到了大量地应用，并且已经逐渐显露出其不可替代的作用。在工业零件检测方面，主要有零件表面缺陷的自动检测、零件类型的自动识别、零件的形状位置及几何尺寸的自动测量等。其方法一般也是先利用图像采集设备获取物体的二维图像，利用图像处理等分析获取物体的待测信息。例如 Bremner（1986）介绍了一种刚尺寸视觉检测系统，在 3mm × 2mm 的测量视场中，尺寸测量精度可以达到 0.01mm。Mills R（1991）基于高分辨率线扫描相机研制了视觉测量系统，用于检测相关零件的尺寸误差。Landman 等（1986）针对生产线传送带上的各种薄片类零件的厚度进行测量的需求，研究并设计了方便、可靠的高精度视觉测量系统。Limk 等（1985）根据三维曲面阀的尺寸测量的相关需求，研究并设计了相应的视觉测量系统，但是精度不高。Lu（2001）使用激光投影到钢管上获取圆弧的几何中心并拟合直线的方法，研究并开发了无缝钢管直线度在线视觉检测系统。Chen（2002）介绍了基于链码技术的非连续圆弧的圆度视觉检测方法。除此之外，国外计算机视觉检测在其他领域，如纺织、食品、医药、木材等也有具体的应用。

在国内，相关的研究是从 20 世纪 90 年代开始的。随着我国经济的发展，以及先进技术和资金的积累，在各行业中，生产自动化及智能化的需求逐步出现，对视觉自动检测的需求更是日益强烈。所以近两年已经有很多相关企业、研究所和高校开始在图像处理和视觉测量技术领域进行研究和思考，并逐步开始与生产单位合作，将视觉检测应用在实际的生产现场。目前国内视觉测量技术的主要应用领域有制药工程、印刷质量、瓶盖检测等。相关的应用大多数都集中在药品包装检测、彩色印刷色彩质量判定等领域。随着视觉测量技术的提高和我国制造业的发展，国内对视觉测量的需求将会更多。而需求的增多也会反过来促使视觉测量产品的增多，有利于提高视觉检测技术水平，从而会进一步推动国内视觉测量应用的发展。伴随着视觉测量方法的引入，工业自动化将会更快速、更智能。此外，由于不同用户的测量对象和测量精度要求的不同，视觉检测产品的定制需求逐渐增加，根据特殊需求来定制视觉测量产品将是未来发展的一个重要方向。需要指出的是，视觉测量应用的发展也会促进自动化技术的发展速度。

目前，在工业中已得到应用的视觉测量系统大部分只能完成二维视觉检测，三维视觉测量技术与方法还不成熟，还没有到实际应用的程度，仍然处在研究和实验阶段。二维测量涉及的系统主要是图像测量仪，图像测量仪是基于图像进行二维尺寸测量的视觉测量方法，其基本原理是通过相机等设备获取被测物体的二维图像，通过图像处理等方法获取被测对象的几何特征与形位参数，与预定义的标准进行比较以评定被测对象的质量信息。

1.2.2 二维图像测量仪的研究现状

基于图像进行二维测量的视觉测量方法目前已经广泛应用于零件加工业中产品质量的检测。从 20 世纪 80 年代初，国外就开始广泛地研究基于图像的二维尺寸测量技术，我国在 20 世纪 90 年代也广泛开始了相关的研究工作。

加工制造业的快速发展提高了生产厂家对视觉测量的精度的要求。但目前已有的图像测量仪器及能查阅到的相关文献中，测量精度往往会随视场的增大而降低。张俊杰等（2009）针对仪表盘的检测需求，研究设计了相应的图像测量仪设备，其检测对象的尺寸范围为 220mm × 82mm，单幅图像的测量范围为 118mm × 88.5mm，量测精度为±120μm。冯成国等（2001）研制的用于测量工件的图像测量仪的测量范围是 120mm × 120mm，精度为±70μm。赵慧洁等（2006）针对大工件测量研制的大视场图像检测设备，单次成像范围为 90mm × 75mm，测量精度为±36μm。杨丽凤等（2001）研制了基于高分辨率面阵相机的图像测量设备，并通过相应的图像处理方法使精度达到亚像素级别，其测量范围为 80mm × 80mm，精度能达到±10μm。剑桥大学的 White 等人（2003）的研究结果表明，利用线阵相机加上 blob 处理的结果可以保证在 Φ50mm 测量范围内达到±10μm 的测量精度。Quick Image 系列图像测量设备单次检测视场为 32mm × 24mm，其高分辨率模式下测量精度为±5μm，景深为 1.2mm，大景深模式下景深为 22mm，精度为±8μm。郭永彩等（2000）针对柱形物体的检测，研制出了相应的图像测量设备，其视场大小为 Φ30mm，测量精度能达到±5μm。国内外图像测量仪中性能较好的还有：意大利 LTF 旗下 LTF-ISOSCAN公司借助旗下另一家 TLE-MICROTECCNICA 公司生产测量仪多年经验而生产的ISOSCAN-AC 型摄像测量仪，其测量范围为 25mm × 25mm，精度有±10μm。孔兵等（2001）基于普通光学成像透镜研制出测量轮廓的显微测量系统，视场范围为 5mm × 5mm，其测量精度接近±5μm。东冠科技针对橡胶制品中密封件的尺寸检测需求研制的全自动图像测量系统，检测对象的最大尺寸为高度 10mm、底面积 40mm^2，其检测精度在±5μm 以内。图像测量仪应用范围最广的尼康公司为了提高其测量精度，也缩小了测量的视场范围，其精度最高的是 NEXIV 下的 VM150N 图像测量仪，精度为±3.5μm，视场仅有 1mm×0.8mm。由美国 S-T 公司改进的 ST-8600 视像测量仪，最高精度是±3μm，视场也仅有 Φ1.2mm。万濠公司生产的 VMS-1510G 型的图像测量仪的测量视场为 1.1~7mm，其最高测量精度为±3μm。杜文华等（2001）对光学元件的检测，视场宽度为 0.22mm，其精度有±1μm。图 1.1 为现在市场上在售的常见图像测量仪设备。

图 1.1　市面上常见的图像测量仪装置示意图

表 1.1　本节引用文献中的图像测量仪视场与精度等情况汇总

文献	视场	测量精度	使用情况	国别
无锡微影图像研制的图像测量仪	118mm×88.5mm	±120μm	产品	中国
冯成国等（2006）	120mm×120mm	±70μm	实验室	中国
赵慧洁等（2006）	90mm×75mm	±36μm	实验室	中国
杨丽凤等（2001）	80mm×80mm	±10μm	实验室	中国
White 等（2003）	Φ50mm	±10μm	实验室	英国
三丰公司研制的 Quick Image 系列	32mm×24mm	±5μm	产品	日本
郭永彩等（2000）	Φ30mm	±5μm	实验室	中国
意大利 LTF 公司的 LTF-ISOSCAN	25mm×25mm	±10μm	产品	意大利
孔兵等（2001）	5mm×5mm	±5μm	实验室	中国
NEXIV 系列 VM150N 型图像测量仪	1mm×0.8mm	±3.5μm	产品	日本
美国 S-T 公司的新型 ST—8600 视像测量仪	Φ1.2mm	±3μm	产品	美国
万濠公司的 VMS 图像测量仪	Φ1.1~7mm	±3μm	产品	中国
杜文华等（2001）	Φ0.22mm	±1μm	实验室	中国

综上可以看出，国内外的大部分测量仪器，不管是已经被实际应用的产品，

还是仍处于实验室研究过程的试验品，其测量精度都会受到视场的影响。由表 1.1 可以看出，目前市面上图像测量仪的精度在±5μm 时，视场都在 Φ10mm 以下。这些小视场的图像测量仪对检测对象进行量测实验时，往往不能实现一次成像，需要不断地移动设备来获取被测对象不同部位的局部图像，以此得到检测对象完整的检测信息，如果检测对象不同部位的厚度不同，每次获取图像前还需要对相机与被测对象的距离进行调整。

本书考虑到突破视场对精度的影响，利用大口径远心镜头的图像采集系统配合高精度的图像测量方法，一次性捕捉测量对象的整体图像，实现零件快速高精度的自动测量；测量时不需要为获取整体尺寸和不同局部图像的获取过程中频繁移动相机；搭载的远心镜头，不会因高度差而使物体尺寸发生变化，不再需要因为零件厚度的不同而移动相机与工件的距离，提高了测量的速度。对于实验中使用的飞机加工业中的平面类零件，本书研究采用的检测方法的视场范围在 Φ97mm 左右，测量精度可达到±5μm。

1.2.3　零件三维视觉测量研究现状

空间三维信息的获取是数字摄影测量与计算机视觉中较为重要的研究内容之一。图像传感器将三维物体的空间特性、物理性质及表面反射特性等因素综合成二维图像的灰度值，景物的深度和其他一些信息在这个过程中丢失，这种变换是不可逆的，也不是唯一的，因此产生了许多种三维恢复方法。

对于三维视觉检测方法，三维数据的恢复方式有三维激光扫描技术和基于图像的摄影测量技术。

采用激光测距原理的激光扫描仪器由于能够直接获取被测物体的三维空间数据并同时获取图像信息，对于获取复杂曲面数据的应用有着很大的优势。利用三维激光扫描对目标物体进行三维重建时，一般需要以下几个步骤：获取点云数据、点云拼接和三维建模，有的还需要进行纹理重建的工作。其中，不同视点的三维点云拼接是激光数据处理最基础也是最关键的工作，它直接影响到最后模型的合成结果和精度，而纹理重建能够恢复目标表面的纹理信息，使得目标得到真实地表达。邹定海（1995）、朱继贵（1999）基于三角测量法，采用激光量测技术，同时利用主动和被动的测量方法研制的激光视觉测量技术，可以对白色车身进行尺寸检测，已应用于汽车生产线。但是相关研究表明，被测物体表面特性的不同会对测量结果产生较大影响，如粗糙度、颜色和曲率半径等，甚至物体表面的倾斜度也会对测量精度产生影响。此外，目前激光三维扫描仪的价格比较高昂，因此将激光扫描技术直接运用于工业零件的三维测量还存在着很大的技术和成本问题。

立体视觉测量方法的基本流程：首先利用相机从不同视角获取被测物体两幅以上的图像，其次利用三角测量原理获取图像上同名点的深度信息。上海交通大学的赵建才等（2001）利用双目视觉测量技术与三坐标量测机（CMM）相结合，开发了一种汽车形貌三维曲面测量设备，能大范围实现自动测量。Dajle 等（1990）针对挤制轮廓几何量检测的需求，基于结构光的原理研制的视觉测量系统，能够对塑料制品、铝制品等轮廓进行非接触检测。武汉大学的张永军教授等（2002）研制了基于序列图像的工业钣金件三维重建与视觉检测系统，主要针对的是已有 CAD 设计数据的小型工业钣金件制造误差或受压变形的视觉检测，已经取得的研究成果为实现高精度、自动化的视觉检测打下良好的基础。武汉大学的郑莉（2004）和陶俊（2005）基于投影器—数码相机的三维重建与检测系统，适合于表面缺乏纹理且具有反光表面物体的曲面三维重建与检测，但是该系统投影器检校精度较低，且依赖于电机精确控制的旋转平台等硬件装置。武汉大学郑顺义教授等（2009）研制了一套基于结构光的立体视觉三维扫描系统，使用该系统测量可以得到密集的、高精度的三维点云数据，可以用于模具生产加工、逆向工程、文物保护、工业测量与检测以及人体整形等领域，然而其缺点是需要连续投影多帧光栅以获取每个视点物体表面的三维信息。Kosmopoulos（2001）利用立体视觉技术来实时监控轿车装配过程中，其精度水平为 $\pm 0.1mm$。Fraser（1999）研究了大型工业部件的在线与离线检测问题检测精度为 $\pm 0.1 \sim \pm 0.2mm$。沈邦兴（1998）利用单 CCD 相机配合旋转平台构成双目立体视觉对工业零件的几何尺寸检测进行了研究，测量对象包括石油钻井行业的牙掌零件和人造金刚石机的顶锤。

基于立体视觉的完整的检测系统主要包括被测图像的获取、相机的精确标定、检测特征提取、匹配及三维坐标计算等过程。

摄像机标定是确定摄像机在图像测量中各种参数精确值的过程，也就是确定三维物方坐标系与二维图像坐标系之间变换关系的过程，是立体视觉测量中对物体完成精确定位的重要步骤。摄像机参数的标定精度将直接影响测量结果的精确程度。Tsai（1986）利用径向对准约束条件（RAC-Radial Alignment Constraint）提出一种两步标定方法，首先利用 RAC 线性求解模型参数中的大部分，然后对剩余的参数利用非线性搜索方法计算。张正友（2000）在两个以上不同的方位拍摄平面控制场，然后根据旋转矩阵的正交性条件及非线性最优化方法实现摄像机标定。张永军进一步就使用平面控制场进行检校的问题进行了深入的研究，提出结合 DLT 和光束法平差实现相机的高精度标定。利用灭点进行相机标定也是研究的重点，谢文寒（2003）利用多图像灭点进行相机标定，算法考虑了像面畸变的影响；刘亚文（2004）也利用建筑物图像中的灭点信息进行相机标定，从而进行房屋建模并获取纹理。近年来不需要参照物的相机自标定，self-calibration 技术也受到了研究者们的重视（马颂德等，1998）。而自检校方法的实质均是基于绝对二次曲线或其对偶的绝对二次曲面在透视变换保持不变的条件原理。

图像匹配是立体视觉测量中最关键的问题。对利用相机获取空间中的物体的图像时，各种因素都综合成单一的图像中的灰度值，这些因素包括视角、光照条件，目标几何形状和物理特性、噪声干扰及传感器特性等，在这种条件下，很难对图像进行精确的匹配。已有的匹配方法可以分为灰度相关和特征匹配两大类，虽然都有大量相关的算法提出，但是在如何提高匹配的精确度及其抗噪声能力的同时，不提高算法的复杂程度和处理的计算量，都需要进行进一步的研究。

对于工业零件来说，很难找到严格意义上的同名点。而在传统的摄影测量/立体视觉测量理论中，其核心方程—共线方程在使用前，必须要提取出严格意义上的同名点，这对很多检测对象来说很难满足。而广义点摄影测量理论，部分突破了共线方程使用中的这一局限，广义点摄影测量理论不再需要严格对应的空间点与像点。对于诸如工业零件之类的不能提取出严格意义上的同名点的应用情况来说，引入广义点摄影测量，可以提高量测的精度。张永军（2008）曾基于广义点摄影测量理论实现了对圆和圆角矩形的自动测量与三维重建，胡祺（2005）也利用广义点摄影测量理论实现了对钣金件上圆的高精度检测，结果证明了应用广义点摄影测量的可行性。

综上所述，对于激光扫描仪的方式，如飞机零件加工业中生产的零件是金属材质，表面会多次反射产生多路径效应，噪声较大，获取锐利边缘的扫描数据也比较困难，因此将激光扫描技术直接应用于金属材质零件的三维测量还存在很大的问题。相比之下，由于图像中包含的目标信息更加丰富，基于图像的三维视觉检测则更适合于此类零件的三维检测，且成本较低，可检测对象的尺寸范围相对也大些。不过，基于图像的三维视觉测量技术对算法和软件的要求更高。在摄影测量与计算机视觉中，基于图像的三维检测是一个复杂的综合问题，其中包括相机检校、图像处理、特征提取、图像匹配、方位参数解算等一系列的问题。尽管这些问题很多已经实现了自动化，但是在目标的识别和测量环节中仍然离不开人工引导，这也正是目前视觉测量研究工作的重点之一，所幸的是零件特征规则，则目标的识别和测量难度都不大，因此基于图像的三维检测非常适合用于飞机行业中规则零件的三维检测。

1.2.4 工业零件视觉测量的发展趋势

根据目前各行业对检测的应用需求，工业零件视觉测量的发展方向主要体现在以下几个方面：

1）检测速度进一步提高。视觉检测系统一般都应用在工厂的生产现场或流水线上，如何使检测速度与生产流水线的速度一致，从而将检测系统嵌入其中，是视觉检测系统达到实用化的一个重要前提，所以随着生产流水线速度的提高，检测速度也需要进一步提高。

2）检测精度和检测稳定性进一步提高。不仅可以通过提高数字图像处理处理算法精度等软件来改进视觉检测的精度，也可以尝试通过改进硬件（镜头、光源等）来提高视觉检测系统的检测精度和检测结果的稳定性。

3）实现智能化检测。例如从设计数据中自动获得零件模型等信息，与待测零件自动比对获取检测结果，这种无人工干预的智能化检测方式必将是未来检测的方向。

4）视觉通用检测技术。目前适应性强的视觉检测系统还不存在，几乎每种视觉检测系统都是针对一种具体的检测任务，如何改变这种现状，研制出适应情况较多的、比较通用的视觉检测系统是未来一个重要的发展方向。

视觉测量方法是一种新兴的检测方法。现代工业的发展使得各行业对工业检测的需求变得更加复杂化和多样化，这就为视觉检测的发展提供了巨大的空间；为视觉检测的研究者们提供了广阔的研究领域。总而言之，伴随着计算机视觉技术的成熟和发展，现代或未来的加工业中必然有更多的视觉测量的应用需求。随着光电技术和计算机技术的快速发展，实现更高的精度、更快的速度以及更智能化的检测方式必将成为计算机视觉测量方法的重要发展方向。

1.3 研究内容和方案

1.3.1 研究内容

本书主要研究机械零件的形状与几何尺寸的视觉测量方法，考虑零件特点，利用数字摄影测量和计算机视觉技术，结合最新的硬件技术，研究适合常见工业零件高精度自动检测的视觉检测方法。这些研究不仅可以提高机械零件加工行业的生产效率和产品质量，而且对视觉测量技术在其他工业零件行业的应用也具有重要的推动作用。

1.3.2 研究方案

1）零件轮廓线的多特征提取。该过程的目的是将组成轮廓的基本图元进行精确分段识别，从而获取各图元（如直线、圆弧等）的参数。本书利用曲率法分割特征，利用点投影高度法来识别特征，最后利用轮廓上圆弧与直线相切、圆弧与圆弧相切等约束条件，对轮廓上的特征进行迭代精确提取，具体实施流程如图 1.2 所示。

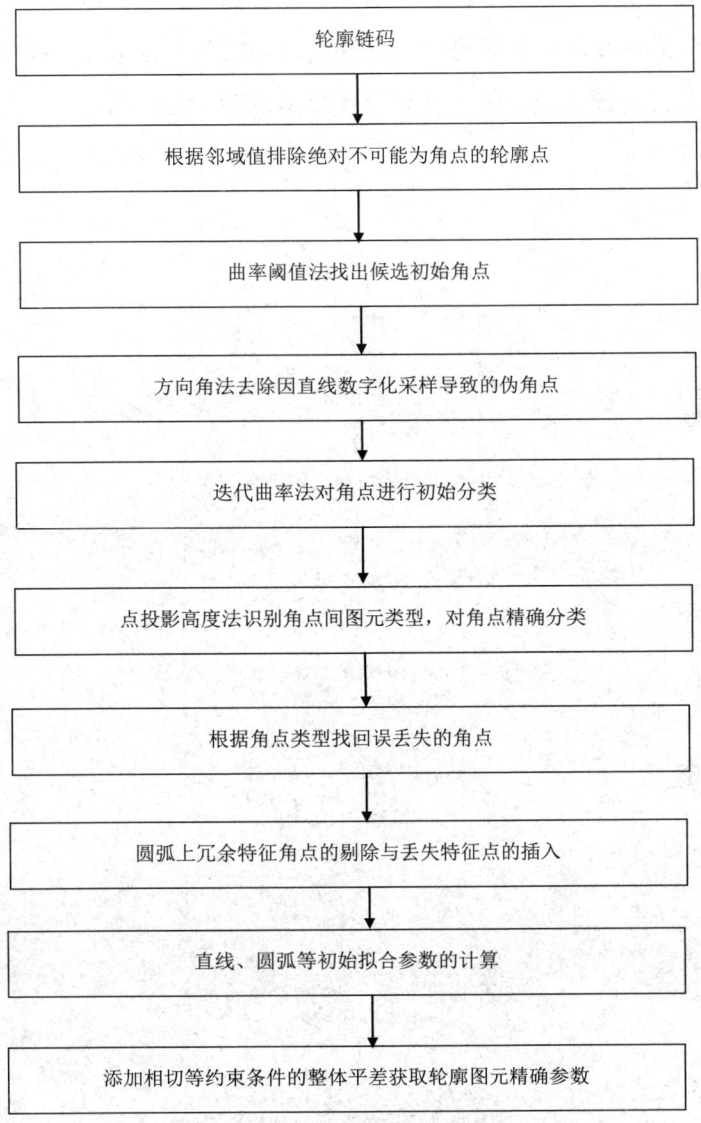

图 1.2 轮廓线图元精确提取实施方案流程

2）基于大口径远心镜头的平面类零件高精度形状与尺寸视觉测量。利用大口径远心镜头和平面背光源等设计了高精度的大视场图像测量仪。测量具体实施方案如图 1.3 所示,硬件设计与构建之后,根据远心镜头无透视差的原理,利用标准圆柱体辅助调节相机主光轴与工作台垂直。测量前,先利用布设有圆形标志的平面标定板对系统进行标定,然后一次性捕捉被测零件的整体图像,利用基于轮廓的特征提取方法获取零件所有外轮廓和内轮廓的特征参数,根据标定结果获取零件轮廓各图元特征的量测值,并与设计数据自动比对,进而实现对零件快速高精度的自动测量。

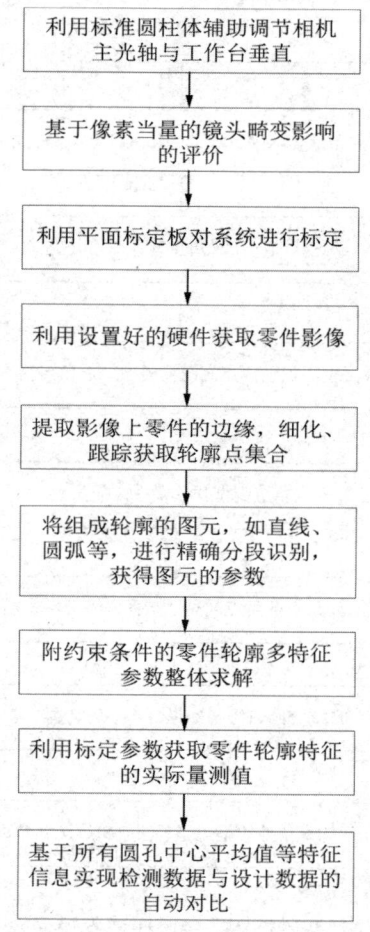

图 1.3 基于大口径远心镜头的平面类零件高精度形状与尺寸视觉测量实施方案

3)基于单数码相机的较大尺寸平面薄片类零件高精度形状与尺寸视觉测量。

第一，基于二维 DLT 和光束法平差方法，利用布设有圆形标志的平面标定板对非量测数码相机的内参数进行高精度标定；第二，将平面零件放置在布设有标志点的测量平台上，利用已标定的数码相机对平面类零件进行拍摄获取图像；在图像上提取并识别标志点的信息，通过后方交会获取图像的外方位元素；第三，根据内外方位元素对零件图像进行畸变纠正和垂直纠正；第四，基于轮廓的特征提取方法在纠正后的图像上进行高精度特征提取，获取零件所有外轮廓内轮廓的特征参数；第五，利用内外方位元素等图像参数信息计算零件轮廓参数值从而对零件实际尺寸信息进行检测。具体实验流程如图 1.4 所示。

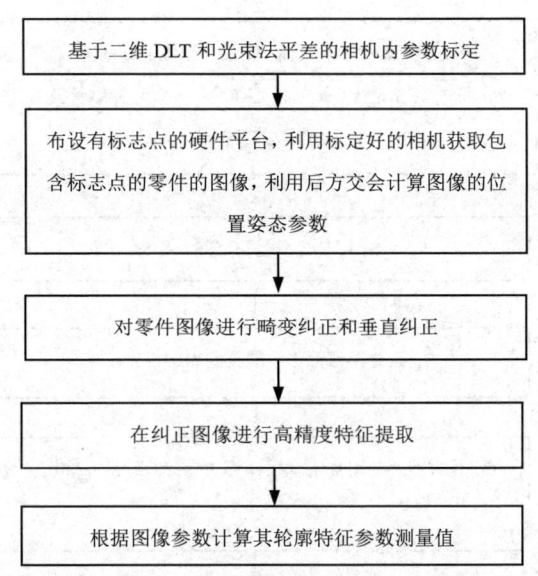

图 1.4　基于单数码相机的较大尺寸平面薄片类零件高精度形状与尺寸视觉测量
方法实施方案流程

4）基于模型和广义点摄影测量的圆柱类零件立体视觉测量方法。如图 1.5 所示，先基于二维 DLT 和光束法平差方法，利用布设有圆形标志的平面标定板对立体相机的内方位元素及其相对位置、姿态进行高精度标定；然后利用标定好的立体相机获取零件的立体图像，基于轮廓的特征提取方法获取零件所有轮廓的模型特征参数；最后建立基于模型和广义点摄影测量的平差模型，进而获取零件特征参数的精确值。

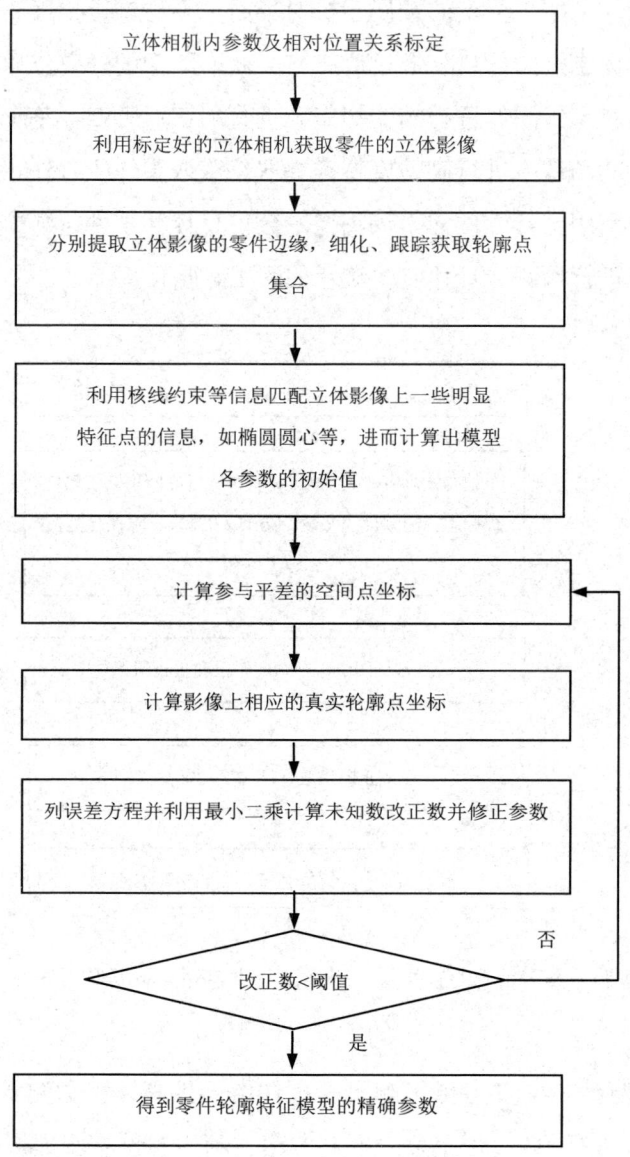

图 1.5　基于模型和广义点摄影测量的圆柱类零件立体视觉测量
方法实施方案流程

1.4　本章小结

　　本章首先分析了本书研究的背景和意义，并在综合大量国内外视觉检测技术资料的基础上，概述了国内外视觉测量技术的研究现状和动态，总结了视觉检测技术的应用情况。在分析相关研究成果的基础上，明确了本书的主要研究内容，最后给出了各章的研究方案。

2 零件轮廓线的多特征提取

数字图像处理中的轮廓特征分割是以更高级的视觉处理来描述对象的一个重要的，而且必不可少的步骤，目前已有的很多技术采用多边形近似法。这种方法虽然简单，但是其结果不利于进一步的形状分析。显然，为了进一步的形状分析，应该采用更高级的基本图元，如圆弧、椭圆弧、二次曲线等，但过多的参数又会大量增加计算时间。而已有研究证明，仅用直线和圆弧就可以很好表达自由轮廓信息。

在零件视觉检测过程中，经过图像边缘提取后，从待测零件图像可以得到平面轮廓像素点集合，属于同一个图元的轮廓像素点集合可构成如直线、圆弧等基本几何图元。在对其形状尺寸等参数检测时，一般都是根据图元的尺寸、形状和各图元的位置关系等进行检测的，因此检测前必须先识别出组成零件轮廓的各图元特征。图元与图元的连接点称之为特征角点，它们可能是直线与直线、直线与圆弧等的交点。所以识别图元特征要先检测出零件轮廓的特征角点，从而获取图元与图元的连接点，然后根据相邻特征角点的类型来确定图元的类型，即判定两角点间的图元是直线还是圆弧等。对轮廓基本图元进行精确的分割识别是视觉检测过程中一个关键步骤，会直接影响零件尺寸测量的准确性。

考虑工业零件加工的特点，利用直线和圆弧来对曲线进行分割，这种方法明显优于多边形近似法，并且能够大大缩短计算时间。

本章主要讨论二维轮廓线的多特征提取算法，研究目的是将组成轮廓的基本图元进行精确分段的识别，从而获取各图元（如直线、圆弧等）的参数。其中曲线部分用直线、圆弧拟合。本书利用自适应 k 曲率法分割特征，利用点投影高度法来识别特征，并利用特征间的逻辑关系来分割或合并特征点，最后利用轮廓上圆弧与直线相切、相邻圆弧与圆弧相切等约束条件，对轮廓上的特征进行迭代精确提取。

2.1 零件轮廓线段分组

由于视觉检测系统一般都会设置成半封闭的环境，具有良好照明条件，其获取的待测对象的图像质量一般都偏好，目标与背景间的对比度会比较大，所以利用一般的边缘提取再进行细化的方法就能获取零件的初始轮廓。得到初始轮廓后利用八邻域跟踪方法获取轮廓像素点的链码，轮廓点 $P[i, j]$ 的八邻域分布情况如图 2.1 所示，八邻域的跟踪顺序为 0,1,2,3,4,5,6,7。对于相机或其他数据采集设备获取的图像，读入计算机时，规定其左上角为图像原点。从左上角开始，根据由上到下、由左到右的顺序跟踪轮廓像素点。当搜索到一个轮廓点时，即作为该轮廓的起始点，标记并保存该轮廓点，按照跟踪顺序逐个判定是否还有轮廓点在该轮廓点的八邻域中，若有则标记闭并保存，再以该轮廓像素点为当前点找到下一个轮廓点。循环迭代上面的搜索过程，直至遍历完整幅图像。如果没有轮廓点在当前轮廓像素点的八邻域中，则该轮廓搜索结束。

3	2	1
4	P	0
5	6	7

图 2.1 轮廓点八邻域示意图

经过邻域法跟踪得到的轮廓是按照从起点到终点顺序排列的轮廓点的集合，在提取轮廓特征角点前，先采用一种简单的方法只保留可能为角点的轮廓点，排除不可能为角点的轮廓点，从而可以节省部分计算时间：如果轮廓点 C_i 的八邻域值与其上一轮廓点 C_{i-1} 的相同，则 C_i 不可能为角点，若不相同，则 C_i 可能为角点。循环计算，即可以排除掉部分不可能为角点的轮廓点。对保留下来的轮廓点，本书将介绍一种旋转不变的角点判定方法。

1）利用曲率阈值法筛选初始角点：用三次 B 样条函数描述局部曲线计算轮廓上每个像素点的曲率值。

平面曲线的参数表达式为

$$\begin{cases} x = f(u) = a_1u^3 + b_1u^2 + c_1u + d_1 \\ y = g(u) = a_2u^3 + b_2u^2 + c_2u + d_2 \end{cases} \tag{2.1}$$

式中：$a_1, a_2, b_1, b_2, c_1, c_2, d_1, d_2$ 为参数方程的系数；参数 $u \in [0,1]$，则 $u = 0$ 处的曲率为

$$c_v = \frac{2(c_1b_2 - b_1c_2)}{(c_1^2 + c_2^2)^{3/2}} \tag{2.2}$$

则用三次 B 样条描述参数时，表达式为

$$\begin{cases} x(u) = TM_bG_x{}^T \\ y(u) = TM_bG_y{}^T \end{cases} \tag{2.3}$$

式中：

$$T = \begin{bmatrix} u^3 & u^2 & u & 1 \end{bmatrix} \tag{2.4}$$

$$M_b = \frac{1}{6}\begin{bmatrix} -1 & 3 & -3 & 1 \\ 3 & -6 & 3 & 0 \\ -3 & 0 & 3 & 0 \\ 1 & 4 & 1 & 0 \end{bmatrix} \tag{2.5}$$

G_x, G_y 分别为控制点的 x 方向矩阵和 y 方向矩阵，

在计算轮廓点 C_i 处的曲率时，采用可去除噪声敏感度的间隔的 5 个控制点 C_{i-4}，C_{i-2}，C_i，C_{i+2}，C_{i+4} 来计算，此时

$$\begin{cases} G_x{}^i = \begin{bmatrix} x_{i-4} & x_{i-2} & x_i & x_{i+2} & x_{i+4} \end{bmatrix} \\ G_y{}^i = \begin{bmatrix} y_{i-4} & y_{i-2} & y_i & y_{i+2} & y_{i+4} \end{bmatrix} \end{cases} \tag{2.6}$$

则将式（2.4），式（2.5），式（2.6），代入式（2.3）中，再与式（2.1）对应得到计算 C_i 处的曲率公式：

20

$$c_v = \frac{2(c_1' b_2' - b_1' c_2')}{(c_1'^2 + c_2'^2)^{3/2}},$$ （2.7）

$$\begin{cases} b_1' = (x_{i+4} + x_{i-4})/12 + (x_{i+2} + x_{i-2})/6 - x_i/2 \\ b_2' = (y_{i+4} + y_{i-4})/12 + (y_{i+2} + y_{i-2})/6 - y_i/2 \\ c_1' = (x_{i+2} - x_{i-2})/3 + (x_{i+4} - x_{i-4})/12 \\ c_2' = (y_{i+2} - y_{i-2})/3 + (y_{i+4} - y_{i-4})/12 \end{cases}$$ （2.8）

则当 $c_v \geqslant C_t$（C_t 为给定的阈值）时，该边缘点为候选特征角点。

2）对候选特征角点进一步判定。因为直线在数字化采样后的像素排列形式（图 2.2），根据上述的计算方式，会将很多直线上的点误判为角点，所以该步骤将利用角度判定方法将其方向变化不大的伪角点去除。

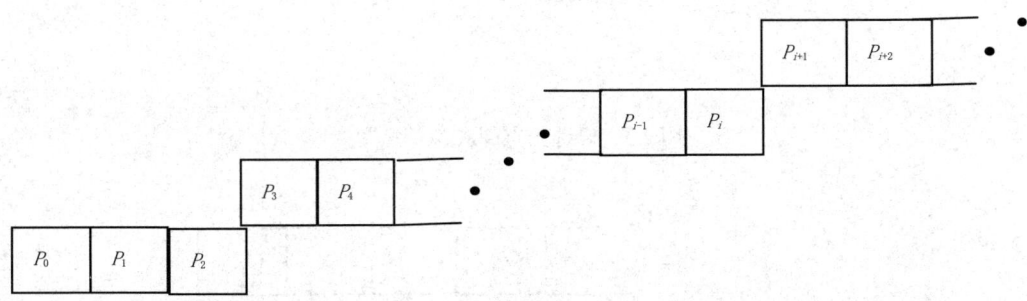

图 2.2　数字化后的直线像素点排列

如图 2.3 所示的连续的四个候选角点 $Q_{i-1}(x_{i-1}, y_{i-1})$，$Q_i(x_i, y_i)$，$Q_{i+1}(x_{i+1}, y_{i+1})$，$Q_{i+2}(x_{i+2}, y_{i+2})$，用 u, v 表示 $Q_i Q_{i-1}$ 和 $Q_i Q_{i+1}$ 向量：

$$u = (x_{i-1} - x_i)\vec{i} + (y_{i-1} - y_i)\vec{j}$$
$$v = (x_{i+1} - x_i)\vec{i} + (y_{i+1} - y_i)\vec{j}$$ （2.9）

计算两向量的夹角 θ：

$$\cos\theta = \frac{u \cdot v}{|u||v|} = \frac{(x_{i-1} - x_i)(x_{i+1} - x_i) + (y_{i-1} - y_i)(y_{i+1} - y_i)}{\sqrt{(x_{i-1} - x_i)^2 + (y_{i-1} - y_i)^2}\sqrt{(x_{i+1} - x_i)^2 + (y_{i+1} - y_i)^2}}$$ （2.10）

显然 $\cos\theta \geqslant 0$ 时，角度尖锐，则 Q_i 为角点；而当 $\cos\theta < 0$ 时则需要设置阈值 U_t 进

一步确定，如果

$$|\cos\theta| \leqslant U_t \qquad (0 \leqslant U_t \leqslant 1) \qquad (2.11)$$

则 Q_i 可能为角点，此时 $|Q_iQ_{i+1}| \geqslant \sqrt{2}$ 时判定为角点但对于 $|Q_iQ_{i+1}| \leqslant \sqrt{2}$ 的情况（图 2.4），其中包含了因直线数字化采样导致的角点，此种情况需加入 Q_{i+2} 来进一步判定，即利用上面的方法计算 Q_iQ_{i-1} 和 Q_iQ_{i+2} 夹角，如果满足式（2.11），则为角点，否则去除。

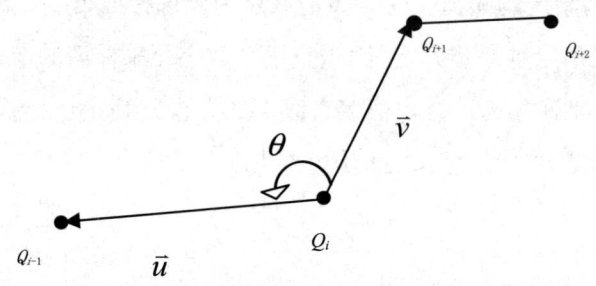

图 2.3　候选角点间夹角示意图

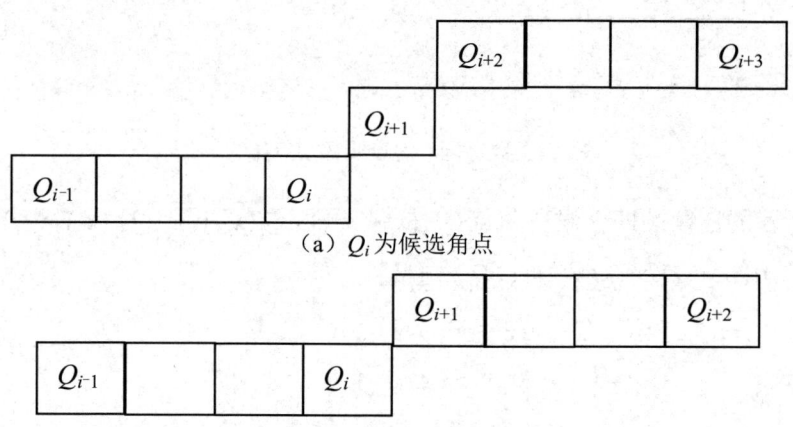

（a）Q_i 为候选角点

（b）Q_i 为直线数字化采样导致的非角点

图 2.4　相邻候选角点分布情况

实验证明 C_t 取所有候选角点曲率值的平均值，U_t=0.906 时（大约 155°），得到角点的效果较好。图 2.5 为该过程的实验结果。

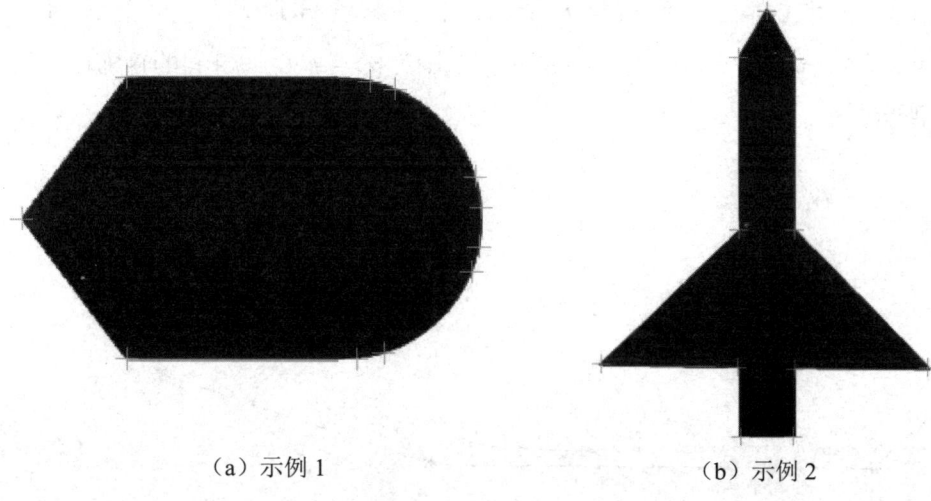

（a）示例 1　　　　　　　　　（b）示例 2

图 2.5　初始轮廓特征角点提取结果

3）角点分类。经过以上步骤去掉冗余角点后，从图 2.5（a）可以看出其圆弧上仍然有很多冗余角点。去除圆弧上的冗余角点，要先确认角点为突变角点（C 类型）还是平滑角点（S 类型），其中突变角点的左右两边的曲线段不可能为同一个特征［如图 2.6（a），2.6（b）］，而平滑角点可能为直线与圆弧的相切点，也可能为圆弧上的冗余角点，其左右曲线为同一个特征，如同一个圆弧［如图 2.5（a）右边圆弧部分）］，所以平滑角点可能被去掉。

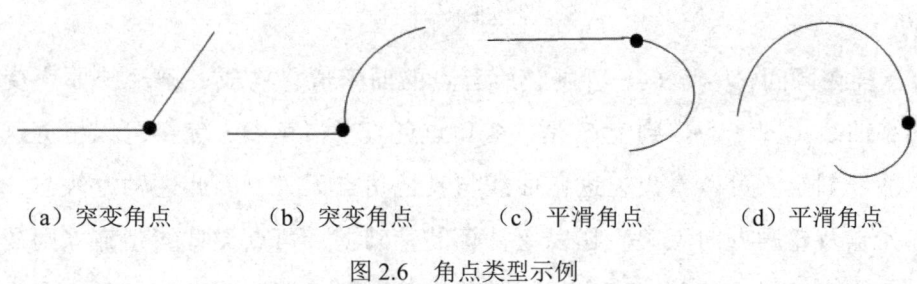

（a）突变角点　　　（b）突变角点　　　（c）平滑角点　　　（d）平滑角点

图 2.6　角点类型示例

下面针对前面步骤得到的轮廓候选角点，利用自适应 k 曲率方法来区分角点是否为突变角点，自适应 k 曲率方法方法如下：

23

已知三个相邻的角点分别为 Q_{i-1}，Q_i，Q_{i+1}，以及 Q_{i-1} 和 Q_i 间的曲线段 S_i，Q_i 和 Q_{i+1} 间的曲线段 S_{i+1}。设这这两个曲线段的长度分别为 l_1，l_2，同时令 $k = \min(l_1, l_2)$，$\tilde{k} = k / 2$，则 Q_i 的曲率计算范围为 $[Q_i - \tilde{k}, Q_i + \tilde{k}]$ 间的轮廓点，如图 2.7 所示：

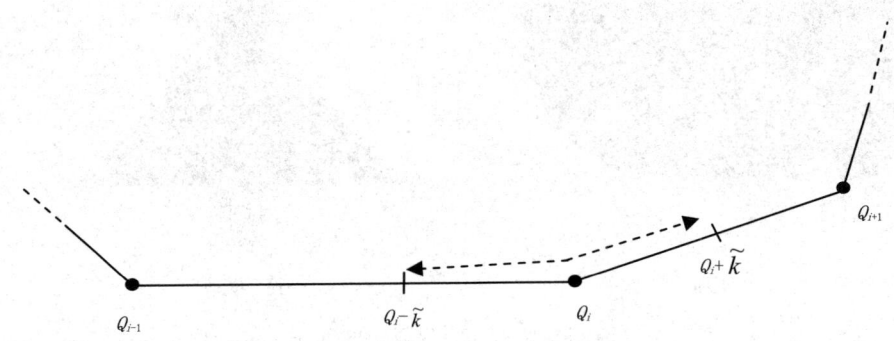

图 2.7 迭代曲率法计算范围

对于 $[Q_i - \tilde{k}, Q_i + \tilde{k}]$ 中的每个轮廓点 q_j：

$$令 \begin{cases} a_{jk} = \left[q_{j^+}(x) - q_j(x), q_{j^+}(y) - q_j(y) \right] \\ b_{jk} = \left[q_{j^-}(x) - q_j(x), q_{j^-}(y) - q_j(y) \right] \end{cases} \qquad (2.12)$$

其中 $q_{j^+} = q_j + \tilde{k}$，$q_{j^-} = q_j - \tilde{k}$，则其曲率值为

$$c_{jk} = \frac{(\tilde{a}_{jk} \cdot \tilde{b}_{jk})}{\left\| \tilde{b}_{jk} \right\| \cdot \left\| \tilde{b}_{jk} \right\|}, \qquad (2.13)$$

这样在区间 $[Q_i - \tilde{k}, Q_i + \tilde{k}]$ 内，所有点的曲率值将构成一条反映曲率变化的曲率曲线（图 2.8）。判定 Q_i 是突变角点还是平滑角点，完全可以根据这条曲率曲线判定。可以看出，这条曲线与其他角点无关，因此这种方法与计算的起始点及轮廓方向无关。在以上计算的基础上，角点类型的判定准则是：如果曲线上 Q_i 处曲率为曲率曲线上的最大值，则 Q_i 为突变角点，反之则为平滑角点。

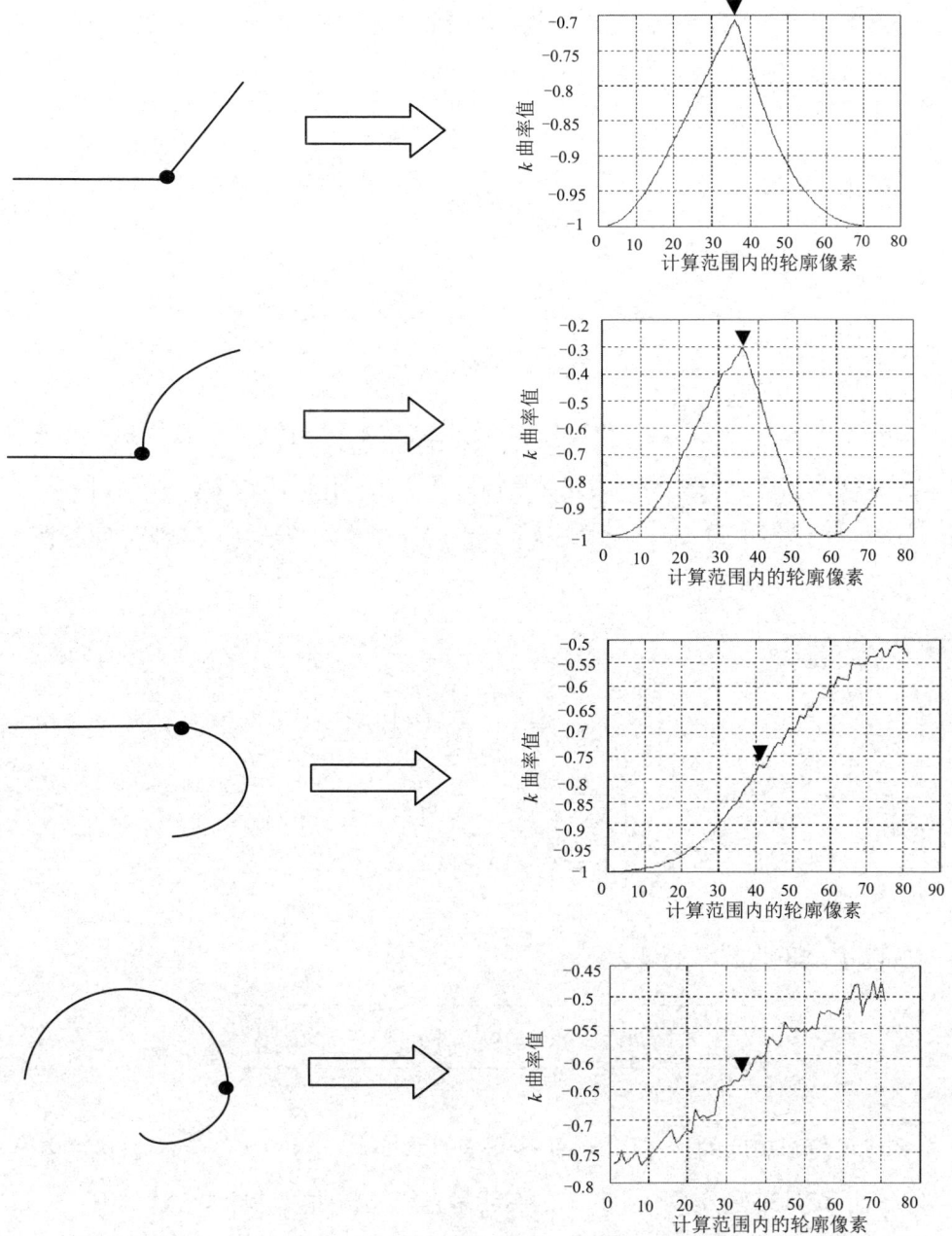

图 2.8 自适应曲率法生成的曲率曲线

4）基本图元属性的识别。要对轮廓基本图元进行分段识别，还要确定图元的类型，即判断图元是直线还是圆弧。下面将基于点投影高度（如图 2.9 所示，点投影高度指两点间的轮廓点到这两个点连线的距离）判别两轮廓角点间的图元类型，从而实现对角点的进一步分类。

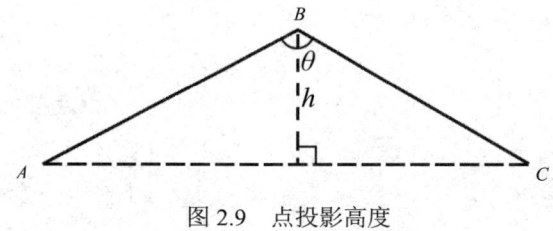

图 2.9　点投影高度

如图 2.9 所示，可以通过计算 $[Q_i - 3\tilde{k}/2, Q_i - \tilde{k}/2]$ 上各点的点投影高度来判断 Q_{i-1}，Q_i 间的图元的类型。例如对于任意一点 $q_j \in [Q_i - 3\tilde{k}/2, Q_i - \tilde{k}/2]$，其计算投影高度的两个端点为 $q_{j^+} = Q_j + \tilde{k}/2$ 和 $q_{j^-} = Q_j - \tilde{k}/2$，则两个端点间的直线可以表示为

$$\begin{cases} x = q_{j^-}(x) + \lambda_x(t) \\ y = q_{j^-}(y) + \lambda_y(t) \end{cases}, t \in [0,1] \tag{2.14}$$

$$\begin{cases} \lambda_x = q_{j^+}(x) - q_{j^-}(x) \\ \lambda_y = q_{j^+}(y) - q_{j^-}(y) \end{cases}, \tag{2.15}$$

所以 q_j 处的点投影高度为

$$h(q_j) = \sqrt{\frac{\left\{ \lambda_x[q_j(y) - q_{j^-}(y)] - \lambda_y[q_j(x) - q_{j^-}(x)] \right\}^2}{\lambda_x^2 + \lambda_y^2}} \tag{2.16}$$

完成点投影高度的计算之后，进一步通过区间 $[Q_i - 3\tilde{k}/2, Q_i - \tilde{k}/2]$ 内的各点投影高度的统计来区分 Q_{i-1} 与 Q_i 间的图元是直线还是曲线，具体方法如下：

首先，定义两个统计变量 l_n 和 c_n，当高度小于 0.5 时，统计量 l_n 的值加 1，否则 c_n 的值加 1[如式（2.17）所示]，直至 $[Q_i - 3\tilde{k}/2, Q_i - \tilde{k}/2]$ 区间内各点投影高度统计完毕：

$$\begin{cases} l_n = l_n + 1(h_{p_j} < 0.5) \\ c_n = c_n + 1(h_{p_j} > 0.5) \end{cases} \tag{2.17}$$

其次，通过比较 l_n 和 c_n 的值来判断两角点间图元的类型：如果 $l_n > c_n$，则为直线；若 $l_n < c_n$，则为曲线。

同理，通过类似的方法判断 Q_i 与 Q_{i+1} 间图元的类型。得到 Q_{i-1} 与 Q_i，以及 Q_i 与 Q_{i+1} 间的图元类型，就可以进一步确定角点 Q_i 的类型。按照直线与圆弧的不同组合，可以将特征角点分为以下四种：①ll 型，即直线到直线型(line to line)；②al 型，即圆弧至直线型(arc to line)；③la 型，即直线至圆弧型(line to arc)；④aa 型，即圆弧至圆弧型(arc to arc)。

考虑与前面的 C 型和 S 型组合，本书最终将角点分为以下几类：c_ll，c_la，c_aa，c_al，s_la，s_al 和 s_aa 七个子类。如 c_ll 表示表示连接直线和直线的突变角点，s_al 表示连接圆弧和直线的平滑角点，c_al 表示连接圆弧和直线的突变角点等。

2.2　工业零件常见基本图元参数的识别

当识别出轮廓上的特征角点后，就可以将零件轮廓用直线和圆弧表示。如果特征角点是突变角点，则其两端曲线段没有合并的可能性，如果特征角点为平滑型，则其角点两端曲线段有可能属于同一个特征，有可能被合并。ll 型和 la 型角点间的曲线段用直线表达，la 型和 aa 型角点间的曲线段用圆弧表达，如果不满足这两种情况则需要插入新的角点。

2.2.1　直线特征判别

因为在特征角点检测中难免会有遗漏，例如 ll 角点紧接着就是 aa 角点，如图2.10（a）所述，根据上面的描述知道 ll 和 aa 之间肯定存在 la 角点，则这时需要在两者之间插入 la 角点，方法如下：

　　用直线连接 ll 角点和 aa 角点，然后从 ll 角点和 aa 角点间的轮廓点中找出到这两个角点连线距离最远的点如图 2.10（b）最远距离 Max_h 处的点，即该点为插入的 la 角点。

　　角点 al 或 ll 与角点 la 或之间的轮廓即为直线轮廓，用直线方程拟合特征。

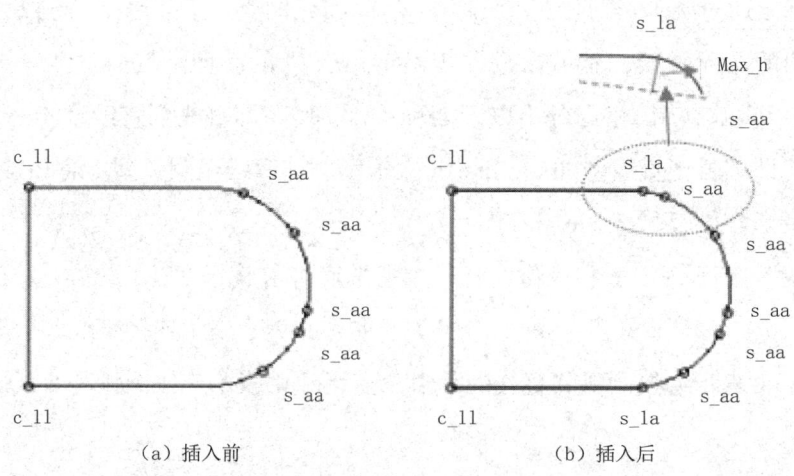

（a）插入前　　　　　　　　　　　（b）插入后

图 2.10　需要插入新角点的情况

2.2.2　圆弧的分割与融合

　　考虑到连续的圆弧特征同时有合并和分割的可能性，所以接下来需要判断连续的圆弧相互间是否能被合并或需要被分割，先估算出圆弧的圆心和半径，并给出圆弧判别函数：$\eta = \dfrac{\text{sum(deciation)}}{\text{lengh(arc)}}$，即每点到圆心的距离与半径差值的和与该段圆弧长度的比值，然后利用下面的方法合并或分裂圆弧。当两段圆弧合并之后的 η 值更小时，则合并两端圆弧；当插入一个 aa 角点后，计算出的 η 值更小时则分裂圆弧。这些只涉及 la 角点和 aa 角点。

28

根据以上描述的圆弧分裂与合并准则，本书圆弧的圆弧分裂合并方法如下。

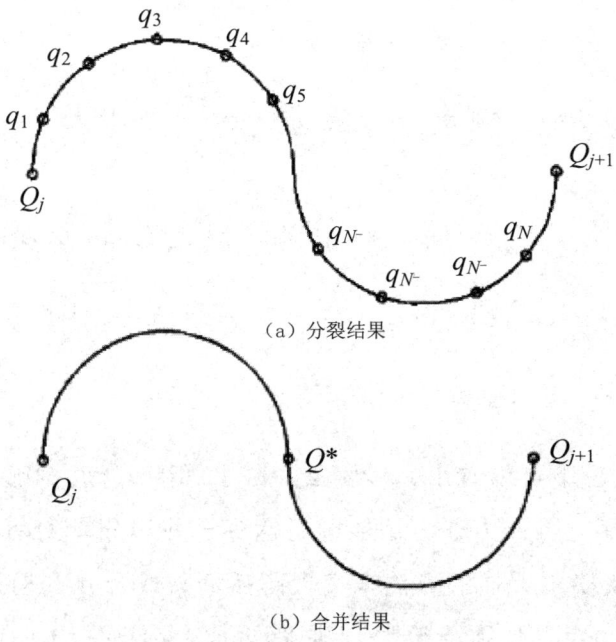

（a）分裂结果

（b）合并结果

图 2.11 圆弧分裂与合并示意图

如图 2.11（a）所示，用 $\{Q_j, q_{(1)}, q_{(2)}, \cdots, q_{(N)}, Q_{j+1}\}$ 表示一段连续的圆弧段，其中 Q_j 和 Q_{j+1} 为 c_aa，c_la，c_al，s_al 或者 s_la，$q_{(i)}$ 表示第 i 段 aa 角点。则

1）计算 $\{Q_j, q_{(1)}\}$ 这段圆弧的圆心和半径，并计算其 η 值，令 $\eta_{old} = \eta$，$i = 2$。

2）将 $q_{(i)}$ 加入重新计算圆弧的圆心和半径，即计算 $\{Q_j, q_{(1)}, \cdots, q_{(i)}\}$ 的圆心和半径，并计算其 η_{new} 值。

3）如果 $\eta_{new} \leqslant \eta_{old}$，则合并 $\{Q_j, q_{(1)}, \cdots, q_{(i)}\}$ 为一段圆弧，并令 $\eta_{old} = \eta_{new}$，$i = i + 1$，然后返回步骤 2）；否则令 $q_1^* = q_{(i-1)}$，$q_2^* = q_{(i)}$。

4）在 q_1^*, q_2^* 间插入 $Q^* = (q_1^* + q_2^*)/2$ 来分开这段圆弧段，然后计算

$\{Q_j, q_{(1)}, \ldots, q_{(i-1)}, Q*\}$ 的圆心和半径，并计算其 η_{new} 值。

5）如果 $|q_1* - q_2*| < 3$，跳到步骤 7）。

6）如果 $\eta_{\text{new}} \leqslant \eta_{\text{old}}$，则 $\eta_{\text{old}} = \eta_{\text{new}}$，$q_1* = Q*$，否则令 $q_2* = Q*$，然后回到第四步。

7）在 $Q*$ 处插入一个新的角点 aa，并去除 $\{Q_j, Q*\}$ 间的所有的角点。然后再继续判定 $Q*$ 和 Q_{j+1} 间的情况：令 $Q_j = Q*$，然后回到第一步判断新的 $\{Q_j, Q_{j+1}\}$ 间圆弧融合分裂情况，直至结束。

从上面的方法中可以看出，步骤 2）和 3）用于合并圆弧，步骤 4）和 6）用于分裂圆弧。因此上述方法能同时达到合并和分割的两个目的。大多数轮廓可以直接使用上述的方法来实现圆弧分裂或合并，但是如果轮廓中只有一个 c_aa 角点，如雨滴轮廓［（如图 2.12（a）所示）］，或者轮廓中全部是 s_aa 角点［（如图 2.12（b）所示）］，如球轮廓。对于第一种情况，因为 c_aa 角点为突变型角点，该角点左右是肯定不能被合并的，所以可以同时以该点为起点和终点结合上述的方法进行判定。对于第二种情况，任何一点都有合并的可能，所以需要从轮廓的每个点出发，重复利用上述的方法来判断。

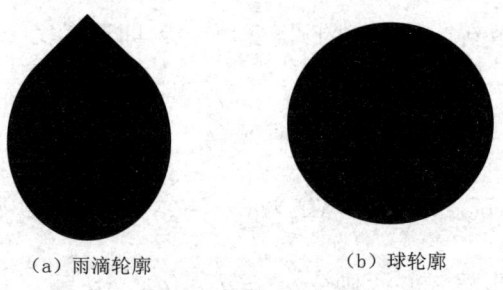

（a）雨滴轮廓   （b）球轮廓

图 2.12　雨滴轮廓和球轮廓示意图

2.3　附约束条件的零件轮廓多特征参数整体求解

已有研究证明仅用直线和圆弧就可以很好地表达自由轮廓信息，本书以只包含直线和圆弧的轮廓为例，描述如何利用附加约束条件的方法进行多图元特征的联合提取。

2.3.1　基本条件主要为直线方程和圆的方程式表达

1）直线方程表达式：

$$ax + by + c = 0 \tag{2.18}$$

式中：a、b、c 为直线方程的系数。

则其误差方程为

$$v = x \cdot \mathrm{d}a + y \cdot \mathrm{d}b + \mathrm{d}c + (ax + by + c)|_0 \tag{2.19}$$

式中：v 为误差方程中未知数的改正数。

2）圆的方程表达式：

$$\sqrt{(x - x_0)^2 + (y - y_0)^2} = R \tag{2.20}$$

式中：R 为圆的直径。

则其误差方程为

$$v = \frac{-(x - x_0)}{\sqrt{(x - x_0)^2 + (y - y_0)^2}}\mathrm{d}x_0 + \frac{-(y - y_0)}{\sqrt{(x - x_0)^2 + (y - y_0)^2}}\mathrm{d}y_0 - \mathrm{d}R + (\sqrt{(x - x_0)^2 + (y - y_0)^2} - R)|_0$$

$$\tag{2.21}$$

2.3.2　约束条件主要含有三个条件

1）直线 a，b 满足：

$$a^2 + b^2 = 1 \tag{2.22}$$

则其误差表达式为

$$v = 2a \cdot \mathrm{d}a + 2b \cdot \mathrm{d}b + 0 \cdot \mathrm{d}c + (a^2 + b^2 - 1)|_0 \qquad （2.23）$$

2）圆弧和直线相切：

$$(ax_0 + by_0 + c)^2 - R^2 = 0 \qquad （2.24）$$

令

$$k = ax_0 + by_0 + c \qquad （2.25）$$

则其误差表达式为

$$v = 2kx_0 \cdot \mathrm{d}a + 2ky_0 \cdot \mathrm{d}b + 2k \cdot \mathrm{d}c + 2ka \cdot \mathrm{d}x_0 + 2kb \cdot \mathrm{d}y_0 - 2R \cdot \mathrm{d}R + (k^2 - R^2)|_0$$
$$（2.26）$$

2.3.3　圆弧与圆弧相切

令两个圆弧参数分别为 (x_1, y_1, R_1)，(x_2, y_2, R_2) 则其相切条件为（同时包括内切和外切）：

$$\left[(R_1 + R_2)^2 - D^2\right] \cdot \left[(R_1 - R_2)^2 - D^2\right] = 0 \qquad （2.27）$$

式中 D 为两个圆弧中心的距离。

$$D = \sqrt{(x_1 - x_2)^2 + (y_1 - y_2)^2} \qquad （2.28）$$

则其误差表达式为

$$v = \frac{\partial}{\partial x_1} \cdot \mathrm{d}x_1 + \frac{\partial}{\partial y_1} \cdot \mathrm{d}y_1 + \frac{\partial}{\partial R_1} \cdot \mathrm{d}R_1 + \frac{\partial}{\partial x_2} \cdot \mathrm{d}x_2 + \frac{\partial}{\partial y_2} \cdot \mathrm{d}y_2 - \frac{\partial}{\partial R_2} \cdot \mathrm{d}R_2 \qquad （2.29）$$
$$+ \left[(R_1 + R_2)^2 - D^2\right] \cdot \left[(R_1 - R_2)^2 - D^2\right]|_0$$

式中：

$$\begin{cases}
\dfrac{\partial}{\partial x_1} = 4D^2(x_1-x_2) - 4(R_1^2+R_2^2)(x_1-x_2) \\[2mm]
\dfrac{\partial}{\partial y_1} = 4D^2(y_1-y_2) - 4(R_1^2+R_2^2)(y_1-y_2) \\[2mm]
\dfrac{\partial}{\partial R_1} = 4R_1^3 - 4R_2^2 R_1 - 4D^2 R_1 \\[2mm]
\dfrac{\partial}{\partial x_2} = 4D^2(x_1-x_2) - 4(R_1^2+R_2^2)(x_1-x_2) \\[2mm]
\dfrac{\partial}{\partial y_2} = 4D^2(y_1-y_2) + 4(R_1^2+R_2^2)(y_1-y_2) \\[2mm]
\dfrac{\partial}{\partial R_2} = 4R_2^3 - 4R_1^2 R_2 - 4D^2 R_2
\end{cases} \tag{2.30}$$

令 $X = \begin{pmatrix} X_1 \\ X_2 \end{pmatrix}$, $A = \begin{pmatrix} A_1 & 0 \\ 0 & A_2 \end{pmatrix}$, $N = \begin{pmatrix} N_1 & 0 \\ N_{21} & N_{22} \end{pmatrix}$, 则以所有误差表达式可以用下

式统一表示:

$$\begin{pmatrix} A^T A & N^T \\ N & 0 \end{pmatrix} \begin{pmatrix} X \\ K \end{pmatrix} = \begin{pmatrix} A^T L \\ W \end{pmatrix} \tag{2.31}$$

如果轮廓中有 m 条直线, s 个圆弧, 每条直线有 $n_i(i=1,\cdots,m)$ 个采样点, 每个圆弧上有 $t_j(j=1,\cdots,s)$ 个采样点, 每个采样点坐标为 (x,y), 则上式中各矩阵具体形式如下:

$$A_1 = \begin{bmatrix}
x_{11} & y_{11} & 1 & 0 & 0 & 0 & \cdots & 0 & 0 & 0 \\
\vdots & \vdots & \vdots & \vdots & \vdots & \vdots & & \vdots & \vdots & \vdots \\
x_{1n_1} & y_{1n_1} & 1 & 0 & 0 & 0 & \cdots & 0 & 0 & 0 \\
0 & 0 & 0 & x_{21} & y_{21} & 1 & \cdots & 0 & 0 & 0 \\
\vdots & \vdots & \vdots & \vdots & \vdots & \vdots & & \vdots & \vdots & \vdots \\
0 & 0 & 0 & x_{2n_2} & y_{2n_2} & 1 & \cdots & 0 & 0 & 0 \\
\vdots & \vdots & \vdots & \vdots & \vdots & \vdots & & \vdots & \vdots & \vdots \\
0 & 0 & 0 & 0 & 0 & 0 & \cdots & x_{m1} & y_{m1} & 1 \\
\vdots & \vdots & \vdots & \vdots & \vdots & \vdots & & \vdots & \vdots & \vdots \\
00 & 0 & 0 & 0 & 0 & 0 & \cdots & x_{mn_m} & y_{mn_m} & 1
\end{bmatrix} \tag{2.32}$$

如令 $x_{0ij} = \dfrac{-(x_{ij} - x_{0ij})}{\sqrt{(xi_j - x_{0ij})^2 + (y_{ij} - y_{0ij})^2}}$ $(i=1,\cdots,s\,,j=1,\cdots,t_i)$ 则

$$A_2 = \begin{bmatrix} x_{011} & y_{011} & 1 & 0 & 0 & 0 & \cdots & 0 & 0 & 0 \\ \vdots & \vdots & \vdots & \vdots & \vdots & \vdots & & \vdots & \vdots & \vdots \\ x_{01t_1} & y_{01t_1} & 1 & 0 & 0 & 0 & \cdots & 0 & 0 & 0 \\ 0 & 0 & 0 & x_{021} & y_{021} & 1 & \cdots & 0 & 0 & 0 \\ \vdots & \vdots & \vdots & \vdots & \vdots & \vdots & & \vdots & \vdots & \vdots \\ 0 & 0 & 0 & x_{2t_2} & y_{2t_2} & 1 & \cdots & 0 & 0 & 0 \\ \vdots & \vdots & \vdots & \vdots & \vdots & \vdots & & \vdots & \vdots & \vdots \\ 0 & 0 & 0 & 0 & 0 & 0 & \cdots & x_{0s_1} & y_{0s_1} & 1 \\ \vdots & \vdots & \vdots & \vdots & \vdots & \vdots & & \vdots & \vdots & \vdots \\ 00 & 0 & 0 & 0 & 0 & 0 & \cdots & x_{0st_m} & y_{0st_m} & 1 \end{bmatrix} \qquad (2.33)$$

$$N_1 = \begin{bmatrix} 2a_1 & 2b_1 & 0 & 0 & 0 & 0 & \cdots & 0 & 0 & 0 \\ 0 & 0 & 0 & 2a_2 & 2b_2 & 0 & \cdots & 0 & 0 & 0 \\ \vdots & \vdots & \vdots & \vdots & \vdots & \vdots & & \vdots & \vdots & \vdots \\ 0 & 0 & 0 & 0 & 0 & 0 & \cdots & 2a_m & 2b_m & 0 \end{bmatrix} \qquad (2.34)$$

$$X_1 = \begin{bmatrix} a_1 \\ b_1 \\ c_1 \\ \vdots \\ a_m \\ b_m \\ c_m \end{bmatrix} \qquad X_2 = \begin{bmatrix} x_{01} \\ y_{01} \\ R_1 \\ \vdots \\ x_{0s} \\ y_{0s} \\ R_s \end{bmatrix} \qquad (2.35)$$

另外，L、W 是误差方程中常数项构成的矩阵；A^T 和 N^T 是 A 和 N 的转置矩阵。将所有轮廓点根据具体情况按式（2.19），式（2.21），式（2.23），式（2.26），式（2.29）计算出 A，N 和 L 等矩阵，然后代入式（2.31），迭代求解可获得轮廓各图元特征的精确参数值。

2.4 实验结果与分析

根据以上所述的方法，结合零件的特点，本书采用的轮廓线图元精确提取流程如图 2.13 所示。

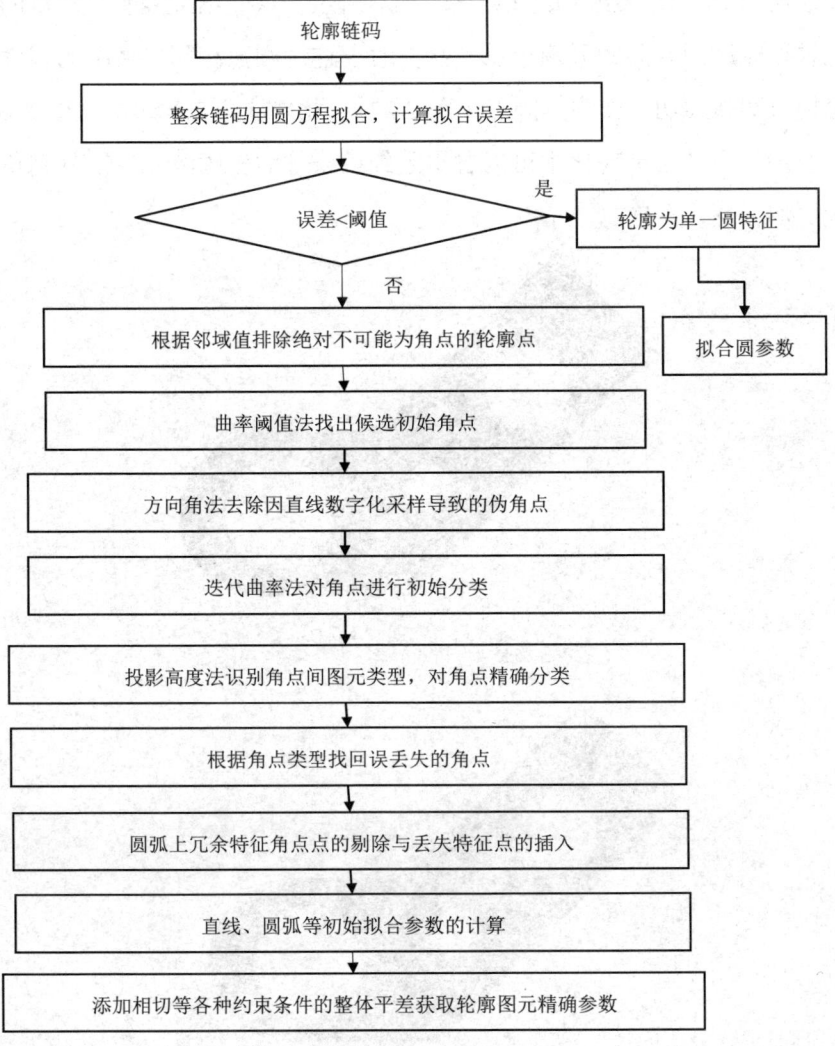

图 2.13 轮廓线图元精确提取流程图

为了验证本章介绍方法的有效性，分别采用模拟图像和实际图像进行验证实验。

对于模拟图像（图 2.14），本书方法的提取结果如图 2.15 和图 2.16 所示。其中包含 5 条直线、5 段圆弧和 3 个圆，模拟设计值与实际提取值见表 2.1 和表 2.2，从两个表的对比中可以发现，用本章的方法提取的各图元的精度都在 1/10 个像素以内。另外利用一些具有代表性的实际零件的图像进行验证，提取结果如图 2.17、图 2.18、图 2.19、图 2.20（a）以及图 2.21 所示。这些结果表明，本章的方法均能正确提取轮廓图元间的分割角点，甚至对于连续圆弧相邻接情况的零件，也可以准确提取圆弧相切点作为分割点（图 2.22），此外从图 2.20（b）、图 2.20（c）、图 2.23 及图 2.24 的细节对比中可以看出附约束条件的轮廓图元特征分割角点的提取位置更加合理、准确。

图 2.14　模拟图像

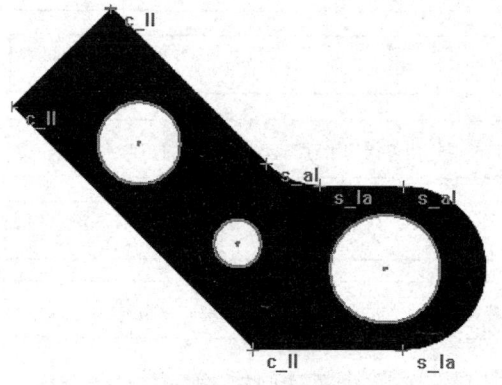

图 2.15　模拟图像提取轮图元廓特征角点结果

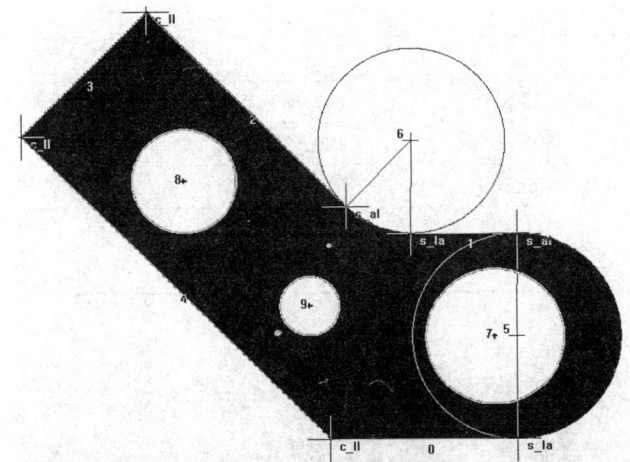

图 2.16 模拟图像提取轮廓图元特征结果

表 2.1 模拟图像中各图元参数设计值 单位：像素

	编号	x_1	y_1	x_2	y_2
直线	0	397.00	14.85	634.04	15.20
	1	635.02	279.38	500.63	280.50
	2	417.65	315.30	165.00	567.60
	3	165.00	567.60	5.00	406.00
	4	5.00	406.00	396.00	16.00
	编号	x_0	y_0	r	θ
圆弧/圆	5	633.85	147.30	132.10	179.50
	6	501.65	399.40	118.85	44.50
	7	606.30	146.85	86.80	360
	8	211.80	348.50	66.05	360
	9	371.12	187.20	37.55	360

表 2.2 模拟图像中各图元参数提取值 单位：像素

	编号	x_1	y_1	x_2	y_2
直线	0	397.000	14.865	634.040	15.193
	1	635.018	279.376	500.632	280.545
	2	417.682	315.298	165.000	567.575
	3	165.000	567.575	5.025	406.000
	4	5.025	406.000	396.000	16.000

续表

编号	x_0	y_0	r	θ
5	633.870	147.287	132.094	179.428
6	501.665	399.381	118.841	44.468
7	606.309	146.864	86.803	360
8	211.974	348.533	66.068	360
9	371.120	187.217	37.566	360

圆弧/圆 (row label spanning rows 5–9)

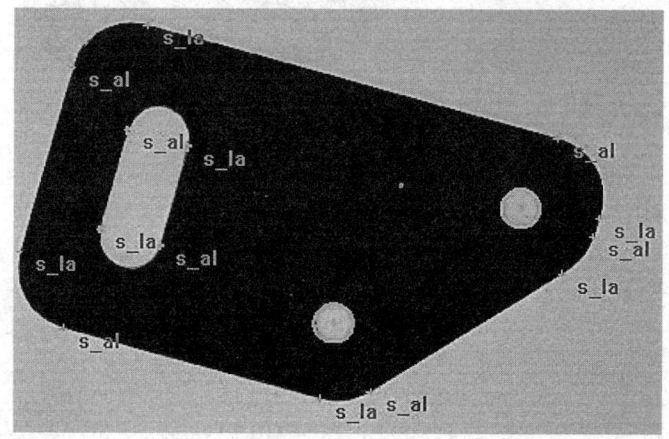

图 2.17　实际零件图像轮廓图元特征分割角点提取结果

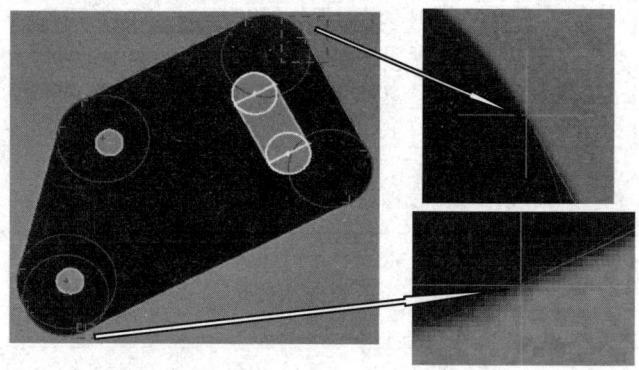

图 2.18　实际零件图像轮廓图元特征提取结果及细节放大图

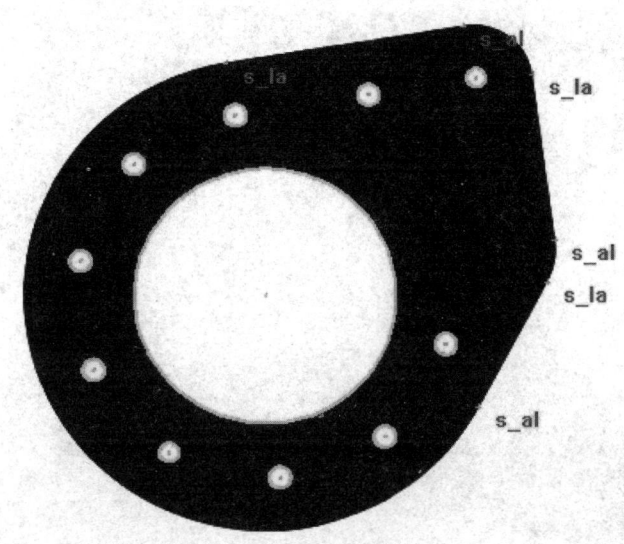

图 2.19　有较大圆弧情况的零件图像轮廓图元特征角点提取结果

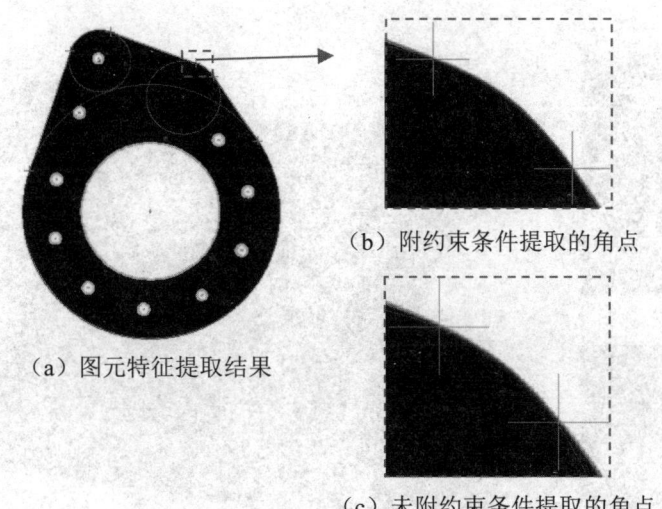

（a）图元特征提取结果

（b）附约束条件提取的角点

（c）未附约束条件提取的角点

图 2.20　有较大圆弧情况的零件图像轮廓图元特征提取结果
及附约束和未附约束情况下的角点提取细节对比图

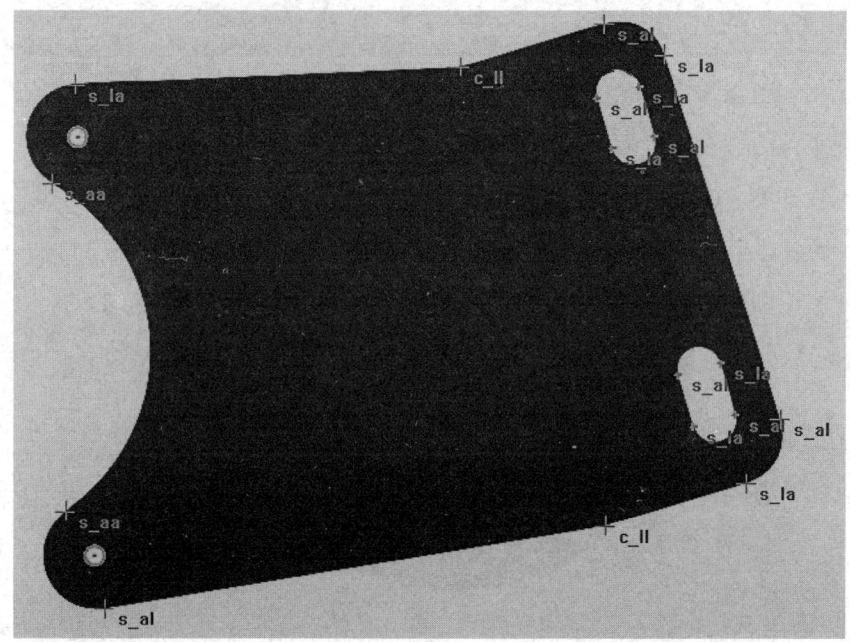

图 2.21　有圆弧相邻接情况的零件图像轮廓图元特征提取结果

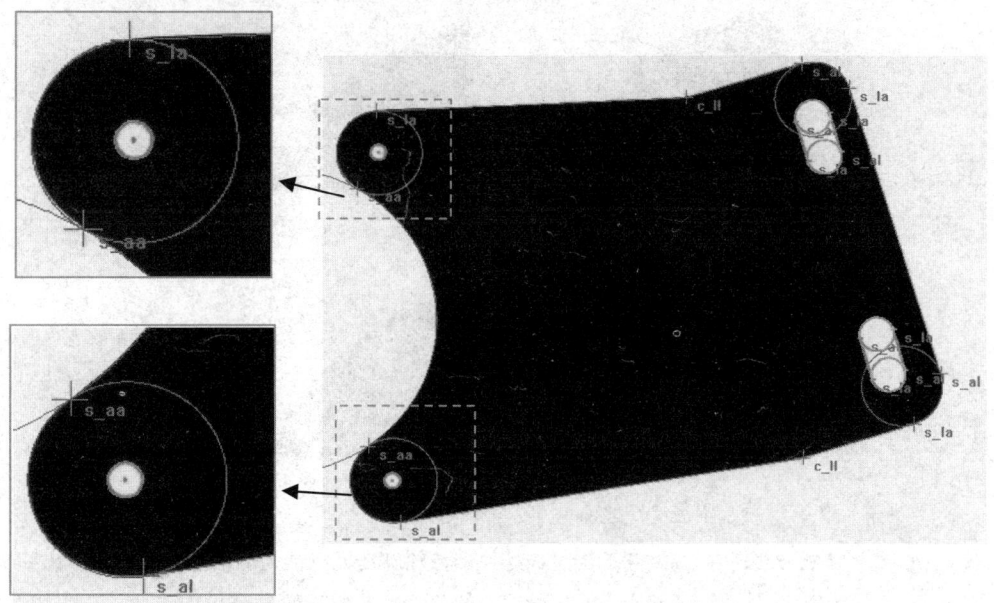

图 2.22　有圆弧相邻接情况的零件图像轮廓图元特征提取结果细节图

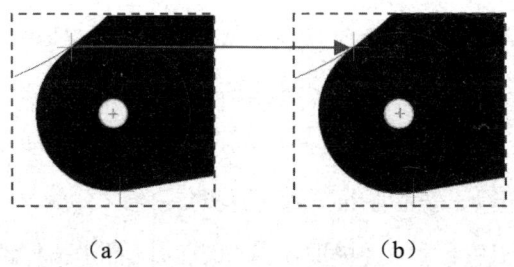

（a） （b）

图 2.23 未附约束条件提取结果（a）与附约束条件提取结果（b）对比

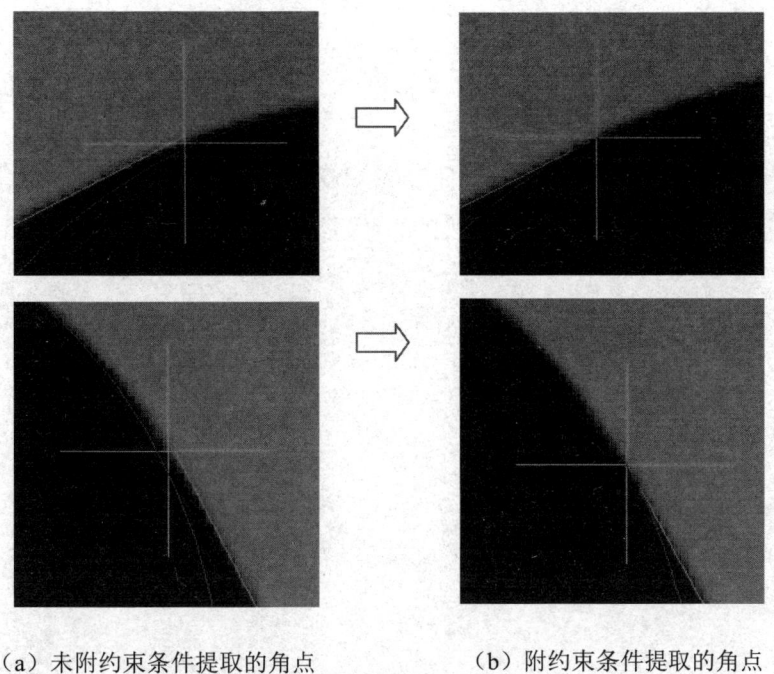

（a）未附约束条件提取的角点 （b）附约束条件提取的角点

图 2.24 未附约束条件和附约束条件情况下提取的角点位置对比

2.5 本章小结

本章利用直线和圆弧来完整地表达零件的轮廓，这是零件形状识别和尺寸检测工作中一个重要步骤。本章主要介绍了一种边缘轮廓多特征提取方法，重点介绍了分割轮廓上不同特征间的角点提取方法。其中创新的部分是提出一种附约束条件的轮廓特征的整体求解方法，另外本章介绍的角点类型的识别方法不涉及任何阈值选择的步骤，并且与起始点及轮廓方向无关。最后使用模拟图像和获取多组零件的真实图像进行了实验验证，结果表明，使用本章方法都能正确地提取出组成轮廓的各个图元特征，并且提取出的角点的位置比未加约束条件的情况下提取出的角点的位置更加准确可靠，这证明了本章所介绍的方法是切实有效的。

3 基于大口径远心镜头的平面类 零件视觉测量方法

在飞机类的机械零件中有很大一部分为 20～90mm 的平面类零件，其中间不规则地分布着数量不等的圆孔等规则几何孔状，这类平面类多孔零件的质量检测标准就是孔位信息（包括相对和绝对信息）。飞机制造过程中不同的零件就是通过这些孔用铆钉相互连接组成飞机的不同部位的，这类零件厚度有可能不一致。本书针对这种平面类多孔零件采用改进的图像测量方法来完成检测任务。

如图 3.1 所示，图像测量仪的硬件系统一般由相机、镜头、光源、计算机、工作台和机身等部分构成。相机、镜头和光源主要用来获取清晰的待测图像；计算机主要用于读取图像数据，并进行实时的处理和分析；工作台用于放置待测物体；另外还需要设计机身来连接各个设备，有的还有专门的设备调节装置。本章目的是要突破精度与视场的限制，在保证精度的同时扩大视场范围，因被测物体有一定的厚度，所以本章利用大口径远心镜头的图像采集系统，一次性捕捉测量对象的整体图像，实现零件快速高精度地自动测量。

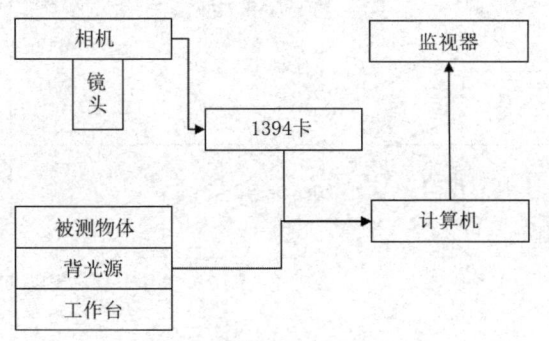

图 3.1　图像测量仪硬件结构图

3.1 远心镜头的性能及优势

远心镜头，是特殊设计的主要为纠正普通工业镜头产生的视差而生产的镜头，

43

实现了在一定的物距范围内保证获取的图像的放大倍率不会随物距的改变而变化。远心镜头因其特有的平行光路设计，一直为对镜头畸变要求很高的机器视觉应用场合所青睐。

远心镜头依据独特的光学特性、高分辨率、超宽景深、超低畸变以及独有的平行光设计等，给机器视觉精密检测带来质的飞跃。目前世界知名的镜头厂商如美国 Navitar、德国施乃德、意大利 OPTO ENGINEERING、日本 Kowa、中国艾菲特（AFTVISION）等都已经有了自己品牌的远心镜头产品线。

3.1.1　远心镜头的设计原理

远心镜头设计目的就是消除被测物体（或 CCD 芯片）因与镜头距离的远近不一致造成的放大倍率不一样。根据远心镜头分类设计原理分别为：

1）物方远心镜头。如图 3.2 所示，物方远心镜头设计的原理是将孔径光阑置于光学系统的像方焦平面处，这种情况下，物方的主光线与光轴平行，即使物距发生变化，因像高不变，测得的被测对象尺寸也不会发生改变，即物距的改变不会影响成像的尺寸。

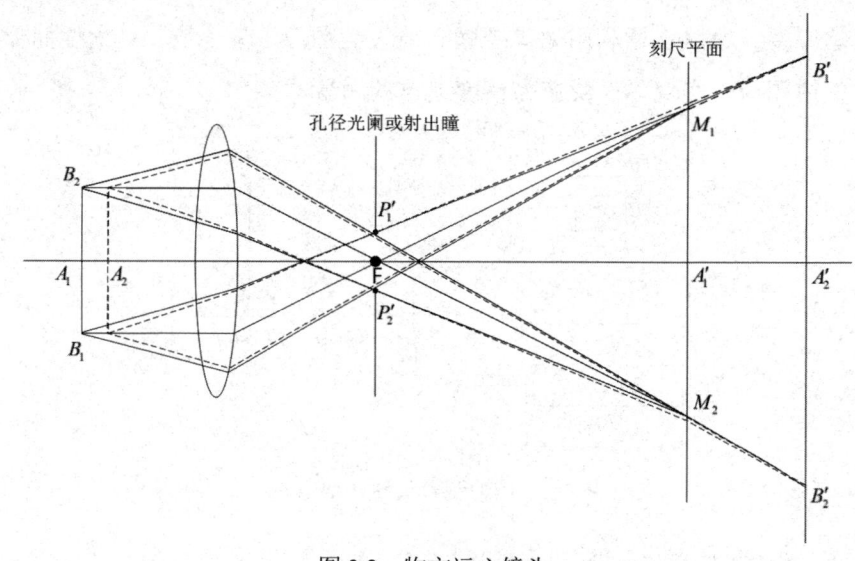

图 3.2　物方远心镜头

2）像方远心镜头。像方远心镜头设计的原理是将孔径光阑放置在光学系统的物方焦平面处，这种情况下像方的主光线与光轴平行，如图 3.3 所示，如果被测对象 B_1B_2 的成像 $B_1'B_2'$ 不在 CCD 表面 M 处，则在 M 上将会得到 $B_1'B_2'$ 的投影像，其中心距离 $M_1M_2 = B_1'B_2'$。不管 $B_1'B_2'$ 是否与 CCD 表面 M 处重合，其对应的长度不变，都是 B_1B_2，因此不会改变成像的尺寸大小。

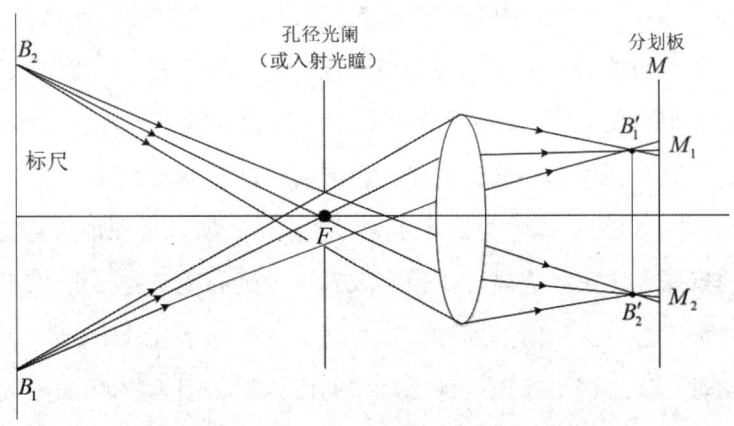

图 3.3　像方远心镜头

3）双远心镜头。其原理如图 3.4 所示，双远心镜头综合了物方/像方远心的双重作用。

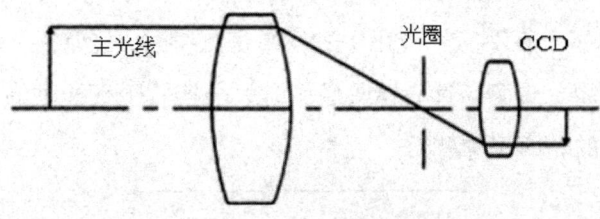

图 3.4　双远心镜头

由图 3.3 可以看出如果被测对象 B_1B_2 与 CCD 表面 M 共轭的位置 A_1 不重合，而在位置 A_2 上时，B_1B_2 的成像 $B_1'B_2'$ 将会偏离 M 处，B_1' 和 B_2' 两点在 M 处的投影为一个散斑。虽然被测对象上同一点主光线光束不会随物体位置的改变而变化，CCD 接收面上的散斑中心点依然是 M_1 点和 M_2 点，但测量时很难准确找到其点位，因此，会造成测量误差，像方远心镜头也是一样。而双远心镜头可以克服被测对象由于影像散斑而产生的检测误差，提高测量的精度。因此本章设计的图像测量仪中将选择使用双远心镜头。

3.1.2 远心镜头的优势

从远心镜头的设计原理可以看出远心镜头有以下几个优势：

1）畸变非常小。畸变是由于镜头制造工艺等原因造成成像区域内，位置不同、放大倍率不同的现象。在视觉测量中，图像畸变在很大程度上会导致测量的误差增大，目前减小畸变主要有两种可行的方法：一是使用软件标定结果来纠正图像的方法，二是直接利用远心镜头替代普通镜头进行检测的方法。

2）景深大。因为景深大的物体才能清晰成像，所以为保证仪器的测量精度，选择镜头的景深自然是越大越好。很多人只认为远心镜头主要解决畸变问题，其实低畸变只是远心镜头的附加属性。远心镜头具有如下独特的光学特性：利用远心镜头检测时，远心镜头获取的检测对象的成像不会因为物距的改变而使测量精度受到影响，对于存在高度差的待检测对象非常有利。决定了远心镜头在某些情况是无法被普通工业镜头替代。远心镜头更大的景深范围可以很好地适应现场的工作环境，这不是只通过算法就能解决的问题。因此高精度、大景深决定了远心镜头是平面类零件的视觉检测的最佳选择。

3）无透视误差。在测量学应用中进行精密测量时，经常需要从物体标准正面（完全不包括侧面）观测。远心镜头成像时只会接收平行光轴的主射线，非常适合用于机械零件的轮廓尺寸测量（图3.5）。

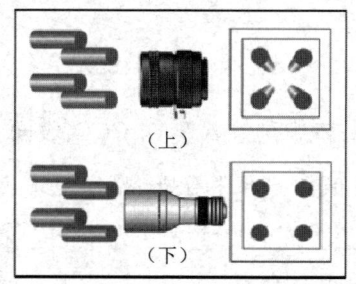

（上）

（下）

图3.5　远心镜头（下）与普通镜头（上）成像效果对比

3.2 基于大口径远心镜头的图像测量仪设计

3.2.1 主要硬件选择

1）镜头、相机。根据本章测量对象的要求，经过对目前市场销售的各种镜头进行对比，发现意大利 OPTO 远心公司生产的远心镜头不仅价格适中，而且在光学性能方面远优于同类型的其他产品，性价比卓越。因此本书改进的图像测量仪最终选用的镜头为 OPTO TC1296。其性能参数如表 3.1 所示：其畸变小于 0.08%，景深为 145mm，当搭配 2/3 芯片尺寸的相机时，其测量范围为 Φ97mm，我们选择的相机是大恒 500 万像素的工业相机。

表 3.1   所选远心镜头参数

镜头型号	单位	TC1296
放大倍数	-	0.068 ± 3%
视场角	mm×mm	-
1/4"（3.6×2.7）	-	52.9×39.7
1/3"（4.8×3.6）	-	70.6×52.9
1/2"（6.4×4.8）	-	94.1×70.6
1/1.8"（7.13×5.37）	-	104.8×78.9
2/3"（8.8×6.6）	-	≥97.1
工作距离	mm	279.6 ± 8
光圈系数	-	8
远心度	-	<0.08
畸变	%	<0.08
景深	mm	145
CTF @70lp	%	>45
成像侧数值孔径	-	0.0620
物体侧数值孔径	-	0.0042
接口类型	-	C
长度	mm	317.0
外径	mm	143.0
重量	g	2500

2）光源。光源在视觉测量中起着至关重要的作用，它直接影响着视觉检测系统能否对待测对象进行清晰、高对比度、稳定的成像，而这是保证检测结果准确和可靠的关键因素。

利用光源的首要目的就是把目标显现出来，同时把背景和干扰信息尽可能地过滤掉或者淡化，这样就可以得到便于处理的图像，整个系统的精度和稳定性也可以得到保证。

光照射到被测物体上时会产生一系列的光学现象，主要包括折射、表面散射、镜面反射、背散射、投射、背反射、漫反射、色散等，还有一部分光被物体吸收，各种情况发生的条件由物体表面的形状、微观结构、颜色和化学成分等客观条件决定。

不同物体的表面发生各种光学现象的差异很大，例如镀膜良好的镜子表面，光照射之后几乎全部被反射，也就是镜面反射占了最主要的部分；光线接近垂直照射到玻璃上之后，几乎全部穿透，这种情况下，透射占了最主要的部分；黑色粗糙表面，基本没有光反射或者透射，全部光几乎都会被吸收掉。

除此之外，光学效果还取决于光源的发光及照射方式，例如平行光源能使被测物体表面的不平整特征凸显出来，而漫反射光均匀照射正好相反，它能削弱因被测物体表面不平整引起的成像差异，因此想要得到预期效果，需要选择合适的光源和恰当的照射方式。

根据光源在视觉测量系统中的照明位置，可以将光源分为前景光和背景光。前景光是指相机和光源都放置在被测对象的同侧的一种照明方式，利用这种方式获取的图像上能包含更多被测对象表面的细节特征，适用于如缺陷检测等各类表面质量的检测。背景光是指相机和光源放置在被测对象的不同侧的一种照明方式，该方式获取的图像多为不透明物体的投影，被遮挡的部分为黑色，反之为白色，故图像上黑白分明，边缘突出。因此特别利于边缘检测，适用于不透明物体形状的识别及位置尺寸测量等领域。

因此本章最终选择了由平行背景光来协助获取零件轮廓清晰图像（图 3.6），经实验验证能够取得良好效果。

图 3.6 平面背光源使用方法及成像效果

3.2.2 硬件结构设计装配

选定硬件后，需要将硬件组装到一起构成我们用于实验的图像测量仪器，其机身设计图如图 3.7 所示。根据设计图最后生产装配成功的实物如图 3.8 所示。

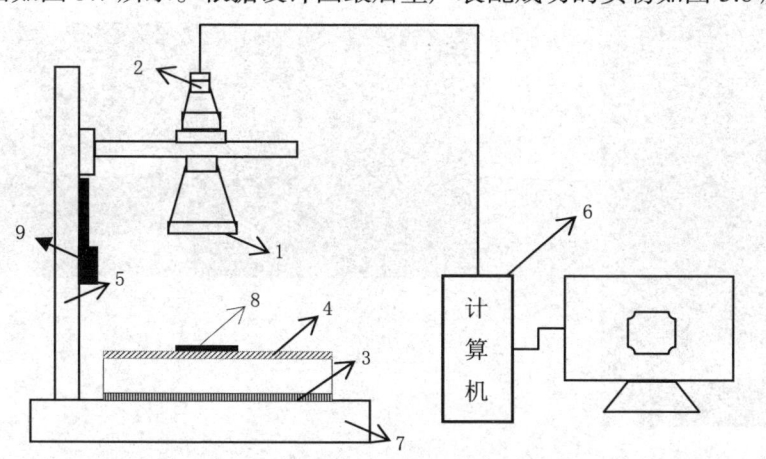

图 3.7 图像测量系统机身设计结构示意图

1—远心镜头；2—CCD 相机；3—LED 光源；4—工件平台；
5—立柱；6—计算机；7—工作平台；8—工件；9—高度调节旋钮

49

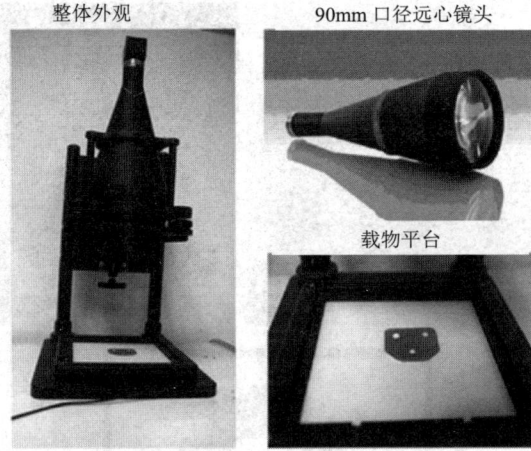

图 3.8 图像测量硬件实物图

3.2.3 相机主光轴与工作台垂直度调节

为了保证高精度地获取被测物体的图像，远心测量系统要求相机与检测工作台表面必须垂直。为此在硬件上设计了一个三脚调节系统来调整相机主光轴与检测工作台的垂直度（图 3.9）。

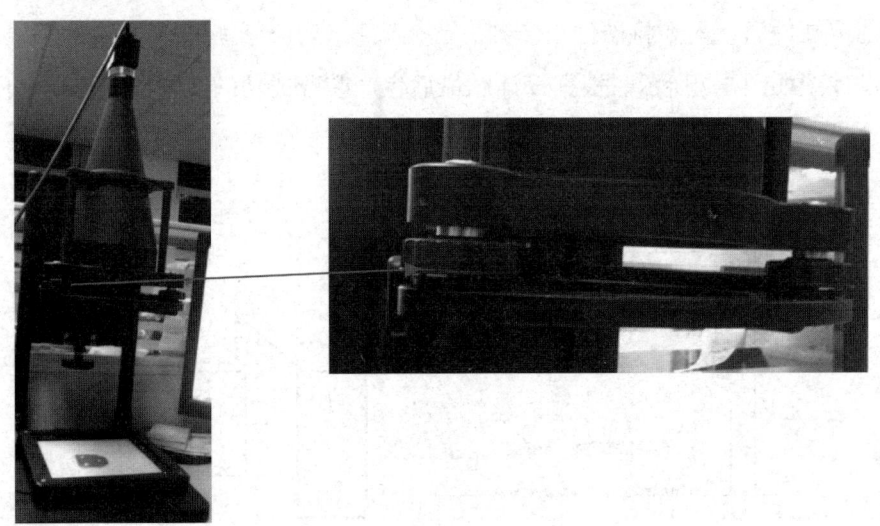

图 3.9 垂直度调节装置

调节过程中可以利用一个标准圆柱体协助调节垂直度，调节原理如图 3.10 和

图 3.11 所示，当相机主光轴与工作台垂直时，从图像上只能看到圆柱体截面的轮廓（图 3.10），不垂直时候，从图像上还能看到圆柱体侧面的成像（图 3.11）。这个调节过程可以用人眼来完成，当然也可以用图像处理方法辅助完成，例如用圆方程拟合截面轮廓，然后判断实际轮廓上的点到拟合的圆上的误差，当误差小于一定程度时即认为相机主光轴与工作台垂直。

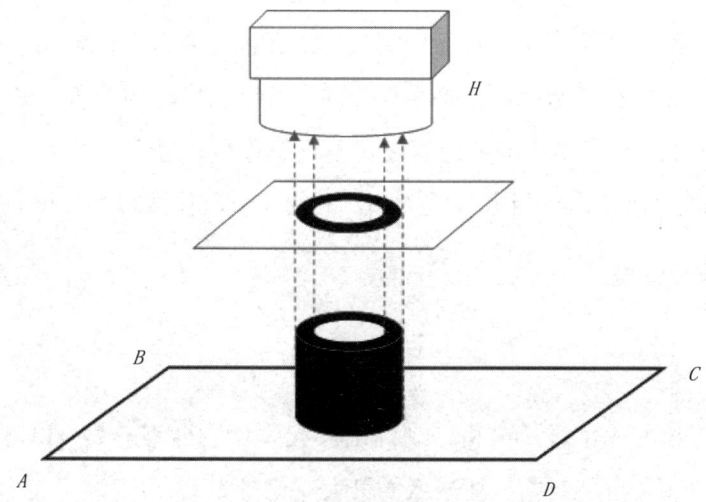

图 3.10　主光轴与测量平台垂直的情况

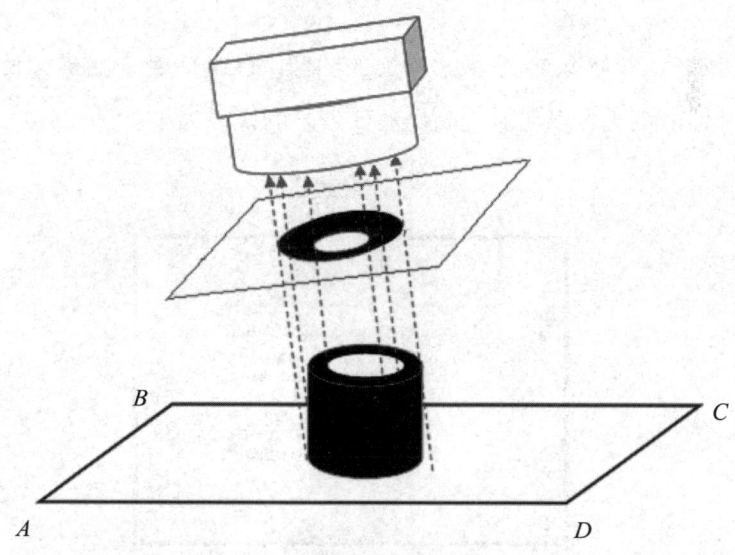

图 3.11　主光轴与测量平台不垂直的情况

3.2.4 镜头畸变评价

远心镜头的畸变在正常情况下都很小，因此本章通过一种简便的方法来评价该镜头畸变的影响。畸变是视场的函数，实际垂轴放大倍率随视场的改变而变化，从而导致畸变也发生变化。对于远心镜头来说，其视场大小是固定的，垂轴放大倍率是不变的，因此计算出图像中各边角处的畸变差后，即可估算出远心镜头的最大畸变差。我们借助不同位置的像素当量来评价畸变差，像素当量表示图像中一个像素点代表的实际物理尺寸是多少，即为实际长度与对应像方长度的比值。假设为 $k(\mathrm{mm / pixel})$，由于畸变的存在，不同位置会对应不同的 k 值（如图 3.12 所示），例如在视场中，实际长度为 l_1 和 l_2 的物体，其像成像长度分别为 l_1' 和 l_2'，对于 l_1 和 l_2 有

$$k_1 = \frac{l_1}{l_1'}, \quad k_2 = \frac{l_2}{l_2'}$$

对图像各个边角的比值进行分析，统计出最大值和最小值：$k_{\max}$ 和 $k_{\min}$，计算出由畸变引起的最大当量误差，即当量的最大变化量为

$$\delta_{k_{\max}} = k_{\max} - k_{\min} \tag{3.1}$$

对于由 $M \times N (M > N)$ 个像素构成的图像，由畸变带来的最大长度误差公式为式（3.2），由该式可以粗略判断出畸变带来的误差大小。

$$\delta_{\max} = \frac{M}{2} \delta_{k_{\max}} \tag{3.2}$$

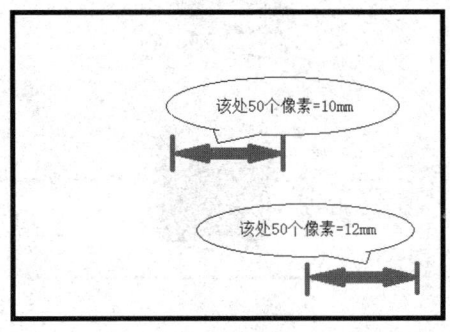

图 3.12 不同位置的畸变判定原理图

3.2.5 系统标定方法

基于远心镜头的图像采集系统的坐标系如图 3.13 所示。其中，x,y 为物方坐标系，u,v 为获取的图像坐标系。

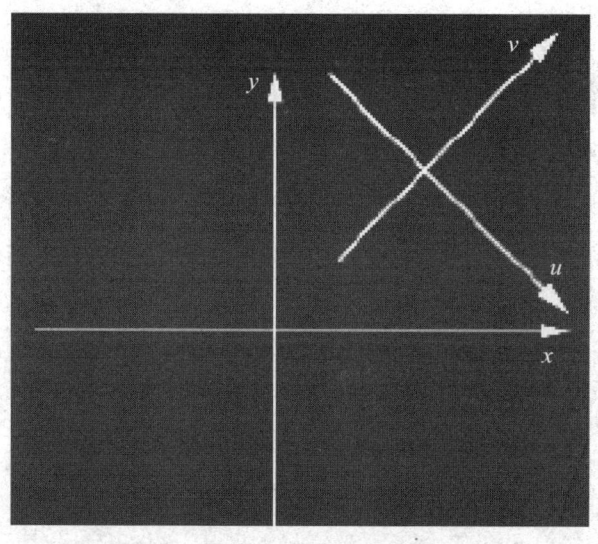

图 3.13 图像坐标系与测量坐标系的关系

假设这两个坐标系之间的关系是线性的，则有

$$\begin{cases} x = Au + Bv + C \\ y = Du + Ev + F \end{cases} \tag{3.3}$$

式中：A、B、C、D、E、F 为实现两个坐标系转换的待求系数。

如果获取了 n 个点的图像坐标，并且每个图像点对应的物方坐标已知，则可以推出下式：

$$\begin{bmatrix} u_1 & v_1 & 1 & 0 & 0 & 0 \\ 0 & 0 & 0 & u_1 & v_1 & 1 \\ \vdots & \vdots & \vdots & \vdots & \vdots & \vdots \\ u_n & v_n & 1 & 0 & 0 & 0 \\ 0 & 0 & 0 & u_n & v_n & 1 \end{bmatrix} \begin{bmatrix} A \\ B \\ C \\ D \\ E \\ F \end{bmatrix} = \begin{bmatrix} x \\ y \\ \vdots \\ x_n \\ y_n \end{bmatrix} \tag{3.4}$$

用 A 表示由 n 个点的图像坐标组成的左边的观测值矩阵，用 L 表示对应的物方点坐标组成的右边的常数项矩阵，用 $Coeffi$ 表示需要获取的系数阵，则可得到相应的反映图像采集系统的系数矩阵，公式为

$$Coeffi = (A^\mathrm{T} \times A)^{-1} \times A^\mathrm{T} \times L \tag{3.5}$$

由于测量系统采用远心镜头的畸变很小，基本满足线性标定的条件。求得成像系统的系数矩阵后，检测时，待测物体图像上的每一影像点都可以通过式（3.1）得到其对应的物方坐标，从而完成对图像采集系统的标定。本章将利用布置有规则分布圆形标志的平面标定板对系统进行标定，首先，获取平面标定板的图像，其次，通过边缘提取定位及圆拟合等相应的图像处理方法在图像上获取高精度的圆心坐标，若已知与图像坐标对应的物方点坐标，则根据式（3.5）即可求出相应的系数矩阵，完成对系统的精确标定。

3.3　平面类零件的形状与尺寸自动检测

3.3.1　单/多个零件的轮廓特征提取

在对零件图像进行二值化分割之前，先对其进行中值滤波、对比度增强以优化分割效果。由于零件区域占据同一个灰度级区域，采用运算速度较快的单阈值分割是比较合适的。在图像分割技术中，Otsu 法是一种单阈值分割方法，它的实质是基于类间方差最大的分割，其分割效果通常都比较稳定，而且本书实验中所涉及的零件图像效果比较好，很适宜采用 Otsu 法。因此我们采用 Otsu 法进行零件图像二值化分割。

多个零件的灰度图经过二值化分割之后形成若干连通域，每个连通域对应一个零件，需要将这些连通域分离出来以进行后续检测。

从二值图像（设背景为 0，前景为 1）第一行第一列开始，扫描像素点，首次碰到 1 则定义一个动态数组存这个连通域的坐标值，然后通过下面的方法得到与这个像素点相连通的所有像素：

设该点为 $P(x, y)$，灰度值为 V，则找到与该点相连通的且灰度值相同的连通

域流程如图 3.14 所示（图像的宽和高分别是 w 和 h）（假设保存连通域坐标的动态数组为 $CArr$）。

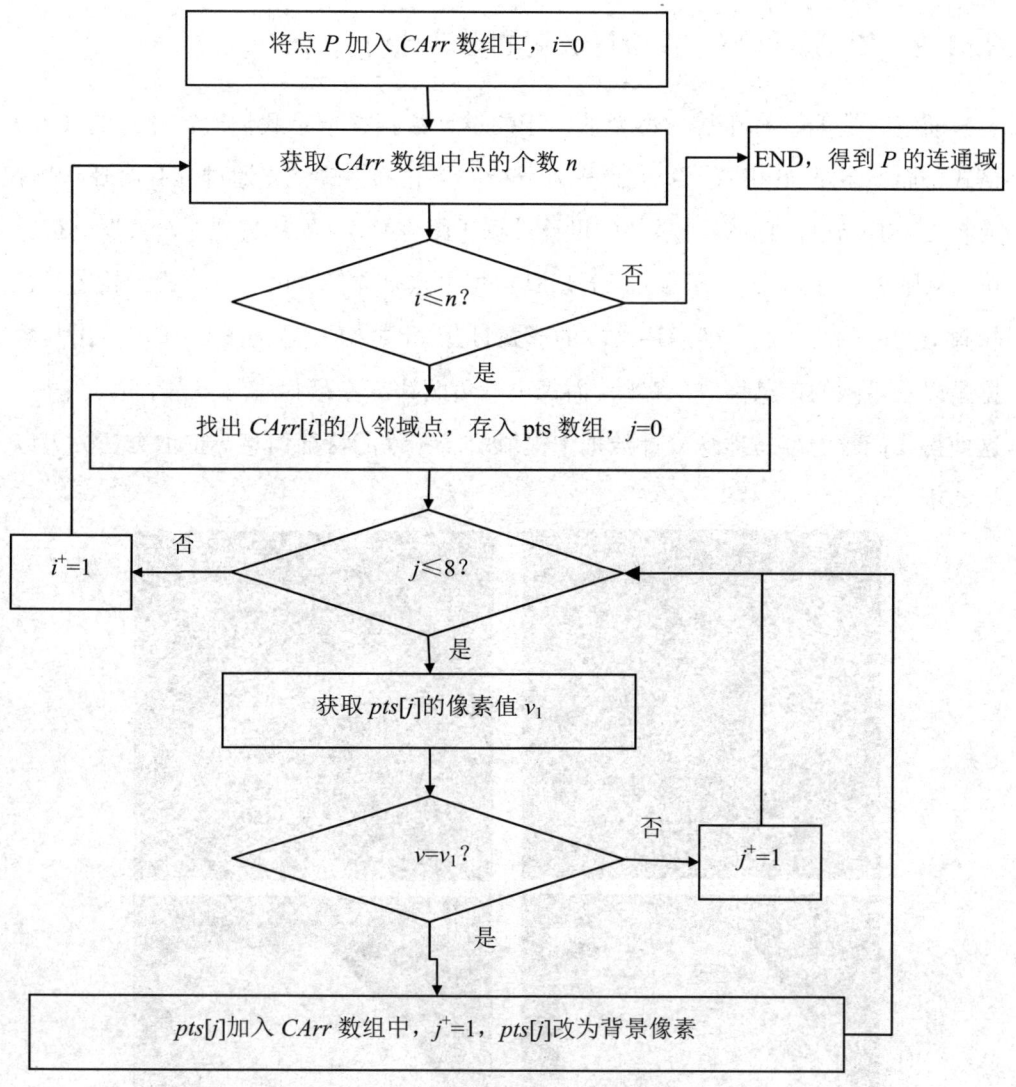

图 3.14 找某点连通域的流程图

从图 3.14 的流程中可以看出，在找一个连通域的同时，把图像上属于该连通域的像素值改为背景像素值，然后在修改后的图像上找其他的连通域，直至得到零件二值图像连通域的正确划分及精确的连通域数目。

因为每个连通域对应一个零件，所以对每个连通域进行独立检测，利用第二章介绍的方法提取零件上轮廓线中的各个特征。

3.3.2　检测数据与零件设计数据的自动比对

航空、造船、汽车等大型企业使用的设计数据并不是我们通常熟悉的 CAD 格式，而大多是 stl 格式。我们首先来分析一下它的格式：先通过 polyworks 软件或者 CATIA 软件打开一个零件的设计数据（图 3.15），先从直观上对数据进行分析。从图 3.15 的点显示方式可以看出其数据中点是非常少的，只有边缘轮廓和孔轮廓上的一些特征点。然后用文本的形式打开 stl 数据（图 3.16），可以看出其数据是以三角网的信息格式保存的，而每个三角面片都保存其法向和三个顶点坐标。这使得我们较为容易地从设计数据中提取所需零件的特征信息。提取方法分为以下几步。

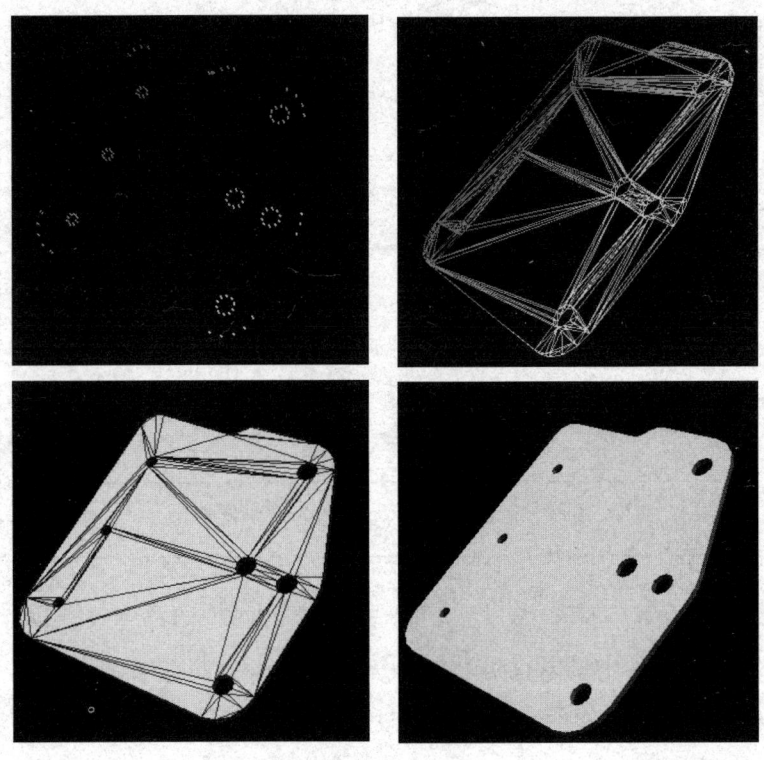

图 3.15　stl 文件以各种方式显示效果

```
solid CATIA STL
  facet normal  0.000000e+000  0.000000e+000  1.000000e+000
    outer loop
      vertex  1.261980e+001  3.676000e+001  1.380000e+000
      vertex  5.662130e+001  3.829564e+001  1.380000e+000
      vertex  1.211608e+001  3.797608e+001  1.380000e+000
    endloop
  endfacet
  facet normal  0.000000e+000  0.000000e+000  1.000000e+000
    outer loop
      vertex  1.273355e+001  6.080000e+001  1.380000e+000
      vertex  5.662248e+001  6.909927e+001  1.380000e+000
      vertex  1.222581e+001  6.202581e+001  1.380000e+000
    endloop
  endfacet
  facet normal  0.000000e+000  0.000000e+000  1.000000e+000
    outer loop
      vertex  3.059427e+001  7.654638e+001  1.380000e+000
      vertex  2.992593e+001  7.606871e+001  1.380000e+000
      vertex  5.564102e+001  8.040000e+001  1.380000e+000
    endloop
  endfacet
```

图 3.16 stl 文件数据内部保存格式

1）根据每个三角面片的法向信息对所有的面片进行聚类，法向相同的属于一类，并对聚类后的面集合按面积进行排序（因为圆孔只存在于较大的面集合上），零件都是有厚度的，所有面集合都成对出现，为了避免搜索轮廓时出现重复轮廓，需要根据零件的厚度不会太大这个因素去掉零件侧面，从而只在零件各个正面上搜索轮廓和圆孔。

2）搜索每个面集合上的轮廓和圆孔：对每个面集合建立点、线、面表，然后利用表搜索该面上只有一个面的边集合（边缘），对每个这样的边集合进行排序，最大的为该面的外轮廓；然后对其他的边集合判断是否是圆；最后保存外轮廓和内部轮廓（图 3.17，图 3.18）。

```
circle.txt
     0,       1,0       2,0       3,0       4,0       5,0       6,0
 1  7
 2  10.899999 36.760002 1.380000  0.000000 0.000000 1.000000  1.719798
 3  11.000002 12.399998 1.380000  0.000000 0.000000 1.000000  1.739898
 4  57.500000 41.000000 1.380000  0.000000 0.000000 1.000000  2.843531
 5  11.000001 60.799999 1.380000  0.000000 0.000000 1.000000  1.733549
 6  57.500000 71.800003 1.380000  0.000000 0.000000 1.000000  2.839715
 7  70.599998 40.100002 1.380000  0.000000 0.000000 1.000000  2.799085
 8  70.599998 9.599998 1.380000   0.000000 0.000000 1.000000  2.834647
 9  7
10  10.900000 36.759998 0.000000  0.000000 0.000000 -1.000000 1.719800
11  57.500000 41.000000 0.000000  0.000000 0.000000 -1.000000 2.843531
12  11.000001 60.799999 0.000000  0.000000 0.000000 -1.000000 1.733551
13  57.500000 71.800003 0.000000  0.000000 0.000000 -1.000000 2.839721
14  11.000002 12.399997 0.000000  0.000000 0.000000 -1.000000 1.739901
15  70.599998 9.599998 0.000000   0.000000 0.000000 -1.000000 2.834648
16  70.599998 40.099998 0.000000  0.000000 0.000000 -1.000000 2.799088
```

图 3.17 对每个面集合上提取出来的圆按圆心法向和半径进行保存

```
       0          10          20          3
 1 27
 2 0.000000  0.000000  1.000000
 3
 4 59.326691  79.696007  1.380000
 5 62.493431  77.683167  1.380000
 6 64.695358  74.644867  1.380000
 7 78.581497  45.025650  1.380000
 8 79.641063  41.920040  1.380000
 9 80.000000  38.658340  1.380000
10 80.000000  10.000000  1.380000
11 79.238792   6.173166  1.380000
12 77.071068   2.928932  1.380000
13 73.826843   0.761205  1.380000
14 70.000000  -0.000000  1.380000
15 10.000000  -0.000000  1.380000
16  6.173166   0.761205  1.380000
17  2.928932   2.928932  1.380000
```

图 3.18　对每个面集合上提取的轮廓按面法向和轮廓各端点进行保存

检测坐标系与设计的模型坐标系的自动对应方法如下：

1）在检测坐标系中，计算被检测的零件面的基准点坐标及其法向坐标，例如，可以将计算提取的所有圆孔中心三维坐标的平均值 $P_0 : (X_0, Y_0, Z_0)$ 作为基准点坐标，利用所有圆孔（个数大于/等于 3 个）的中心坐标拟合平面计算所有圆孔所在平面的法向 $V_0 : (N_{1x}, N_{1y}, N_{1z})$ ，V_0 可能朝向零件内部，利用相机与零件的相对位置使 V_0 指向零件外部。

2）从模型坐标系中，筛选与提取出有相同圆孔个数的面（应该有正反面两个），从筛选出的面中任取一个面，其法向为 $V_0' : (N_{1x}', N_{1y}', N_{1z}')$ ，利用与第一步相同的方法计算其面的基准坐标，计算其上所有圆孔圆心的平均值 $P_0' : (X_0', Y_0', Z_0')$ 。

3）将 V_0' 转到与 V_0 重合，对 V_0 和 V_0' 都构建一个与之垂直的方向 $V_1 : (N_{2x}, N_{2y}, N_{2z})$ 和 $V_1' : (N_{2x}', N_{2y}', N_{2z}')$ ，然后分别利用前两个向量的差乘计算第三个向量 $V_2 : (N_{3x}, N_{3y}, N_{3z})$ 和 $V_2' : (N_{3x}', N_{3y}', N_{3z}')$ 。

4）利用这三对向量的对应关系（所有向量都单位化），计算一个旋转矩阵。

$$R_1 : \begin{bmatrix} N_{1x} & N_{2x} & N_{3x} \\ N_{1y} & N_{2y} & N_{3y} \\ N_{1z} & N_{2z} & N_{3z} \end{bmatrix} = R_1 \begin{bmatrix} N_{1x}' & N_{2x}' & N_{3x}' \\ N_{1y}' & N_{2y}' & N_{3y}' \\ N_{1z}' & N_{2z}' & N_{3z}' \end{bmatrix} \qquad (3.6)$$

5）利用计算出的 R_1 ，将模型坐标系中的 $P_0' : (X_0', Y_0', Z_0')$ 转换到当前的检测坐标系中,再与当前坐标系中的 $P_0:(X_0,Y_0,Z_0)$ 相减得到使两个平面重合的平移矩阵 $T_1(\Delta X_1,\Delta Y_1,\Delta Z_1)^T$：

$$T_1 = P_0 - R_1 \cdot P_0' \tag{3.7}$$

6）如果上述平面对应正确，接下来主要工作是计算两个坐标系围绕 $P_0:(X_0,Y_0,Z_0)$ 处平面法向的旋转角度 θ 引起的转换关系（图 3.19）。

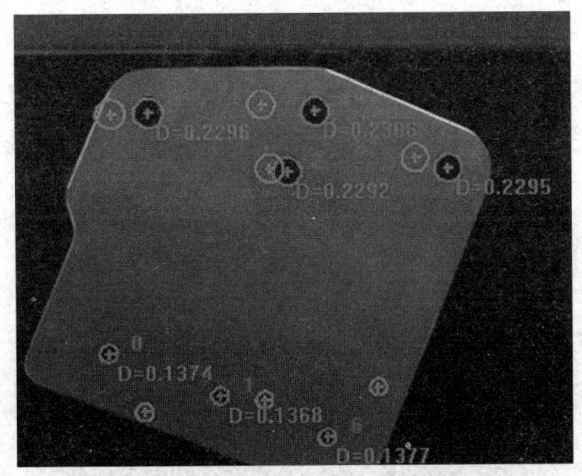

图 3.19　模型坐标系和检测坐标系还有一个旋转角度关系
深色—模型坐标系中的轮廓点转换投影结果；浅色—提取结果；D—提取的圆孔直径信息

7）利用计算出的 R_1 和 T_1 将模型坐标系转到当前坐标系中，选取模型坐标系中任意一个圆孔中心点 P_1'，获得其在检测坐标系的投影 $P_1'':(X_1'',Y_1'',Z_1'')$，计算它到检测坐标系基准点 $P_0:(X_0,Y_0,Z_0)$ 的距离 d_1，在检测坐标系中，计算出提取的所有圆孔到 $P_0:(X_0,Y_0,Z_0)$ 的距离，筛选出其与 d_1 接近的那个圆孔中心（因为只有这些圆孔才可能与 P'' 是对应点），利用这些圆孔找出与 P_1'' 的对应点 P_1，方法为利用每个点与 P_1'' 对应计算旋转角度 θ [计算 θ 的公式为：$P_1 - P_0 = R_\theta(P_1'' - P_0)$]，进而计算两个坐标系的最终转换关系，然后将模型中的其他点转换到检测坐标系中，查看模型坐标系中转换过来的圆孔中心是否与检测坐标系中的圆孔的中心对应上，如果面对应正确，则这里总会找到一个正确的 P_1 点与 P_1'' 对应计算出正确的旋转角度 θ，从而使其他圆孔也对应上。但如果面对应不正确，则没有 P_1 点与 P_1'' 对应，此时将跳到第 2）步，选取另外一个面，再进行上面相同的操作，直到找到正确的对应面，在正确的对应面上找一个正确的对应点，计算出旋转角度 θ，将模型坐标系转到当前坐标系再反投到图像上。

因为 $P_1 - P_0 = R_\theta(P_1'' - P_0)$，所以 $P_1 - P_0 = R_\theta(R_1 \times P_1' + T_1 - P_0)$，进而得到

$$P_1 = (R_\theta R_1)P_1' + [R_\theta(T_1 - P_0) - P_0] \tag{3.8}$$

所以最终两个坐标系的旋转矩阵 $R = R_\theta R_1$，平移矩阵 $T = R_\theta(T_1 - P_0) - P_0$，利用 R 和 T 可将模型坐标系中的点转到当前坐标系中，结果如图 3.20 所示。

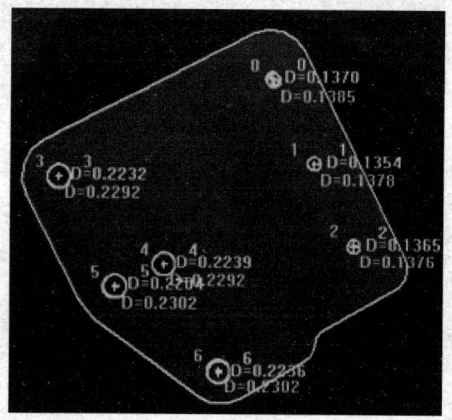

图 3.20　模型坐标系中所有轮廓自动转到当前坐标系中比对

深色—模型坐标系中的轮廓点转换投影结果；浅色—提取结果；D—提取的圆孔直径信息

两个坐标系之间转换的目的是便于自动将检测值与真实值进行比对，直接判断零件质量，自动输出质量报告，同时也可以利用模型数据指导零件图像中模型特征的提取。

3.4　实验结果与分析

3.4.1　相机主光轴与工作台垂直度调节实验

将标准圆柱体放置在检测平台上，获取其图像，通过分析圆柱体的成像来判断相机主光轴与工作台是否垂直（图 3.21）。当相机主光轴与工作台不垂直时，从图

像上能看到部分圆柱体侧面，如图 3.22 所示，利用圆来拟合截面，可以更清楚地显示出圆柱体侧面部分的成像（图 3.23）。而当相机主光轴与工作平台垂直时，所获取的图像上正面圆柱体的轮廓信息，完全没有侧面信息（图 3.24，图 3.25，图 3.26）。

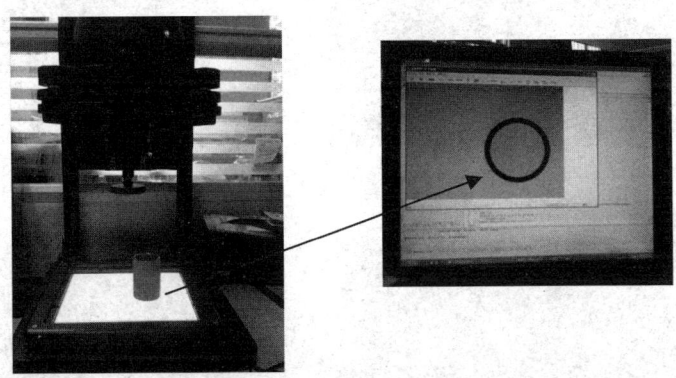

图 3.21　拍摄圆柱体用于相机主光轴与工作台垂直度的判定

图 3.22　相机主光轴与工作台不垂直时的成像结果

图 3.23　相机主光轴与工作台不垂直时的图像边缘拟合效果

图 3.24　相机主光轴与工作台垂直时的成像结果

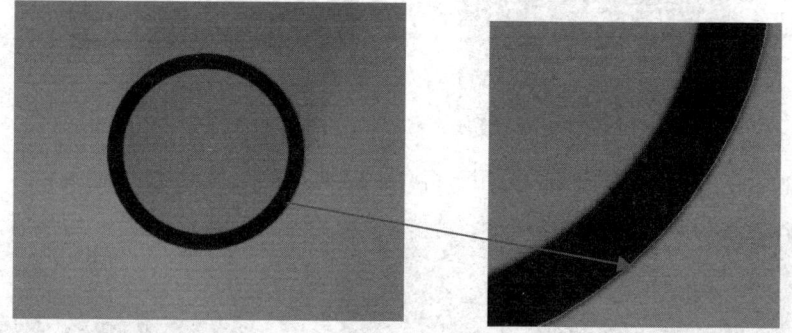

图 3.25　相机主光轴与工作台垂直时的图像边缘拟合效果

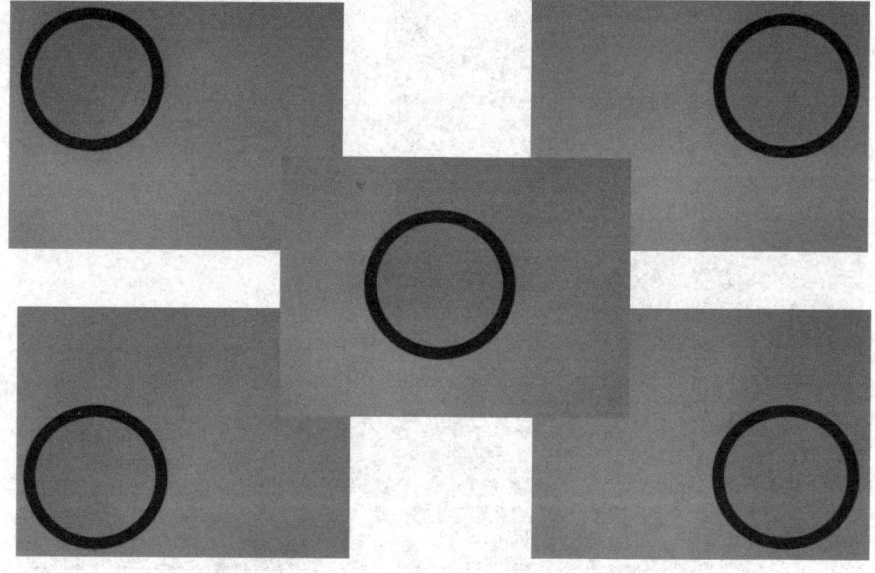

图 3.26　相机主光轴与工作台垂直时视场中各个位置的成像结果

3.4.2 镜头畸变评价实验

为评价畸变对基于远心镜头成像系统的影响，本章将已知直径的圆柱块放入视场的不同位置，根据 3.2.4 节中介绍的方法测量不同位置的实际直径长度与相应像素间隔的比值信息，具体实验数据如表 3.2 所示。

表 3.2　实际长度与相应像素间隔的比值

位置	长度与相应像素的比值/（mm·pixel^{-1}）
1	0.03236616
2	0.03236990
3	0.03237482
4	0.03239174
5	0.03238118
6	0.03237538
7	0.03237489
8	0.03239013
9	0.03234000
10	0.03237622
11	0.03234362
12	0.03237888
13	0.03238237
14	0.03237895
15	0.03239693

将表 3.2 内数据代入式（3.2）得 $\delta_{max} = 5.6 \times 10^{-5}$ mm，证明该镜头畸变非常小，在利用该系统对零件检测时不需要校正畸变带来的影响。

3.4.3　系统标定实验

根据实验结果，本测量系统采用的远心镜头畸变很小，不会影响测量的精度，满足线性标定的基本条件。采用规则圆形标志点的平面标定板对系统进行标定，系统获取标定板的图像（图 3.27）后，获取图像上的标志点圆心坐标（如图 3.28 所示，其中 2、3、12、17、26 和 27 号这六个点是作为评价标定精度的检查点，不参与标定过程）。由于已知标志点圆心的设计物方坐标，可得到与图像坐标点对应的物方坐标，进而利用式（3.3）解算系数矩阵，实现对系统的标定，参数标定结果及其精度如表 3.3 所示，标定后的单位权中误差为 0.01264 个像素，另外标定图像中留出的检查点的误差如表 3.4 所示，可以看出其误差都在 0.05 个像素以内。求得检测系统的标定系数矩阵后，在以后的检测中，待测图像上任一个像方点都可以利用式（3.3）计算其相应的物方坐标。

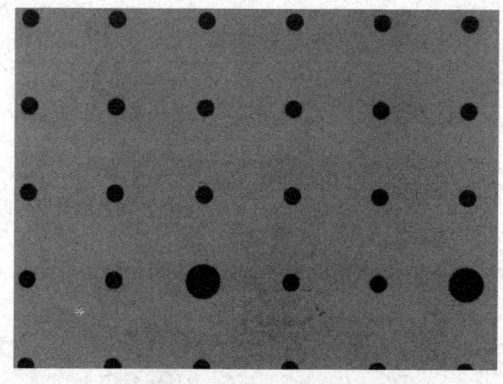

图 3.27　系统标定图像

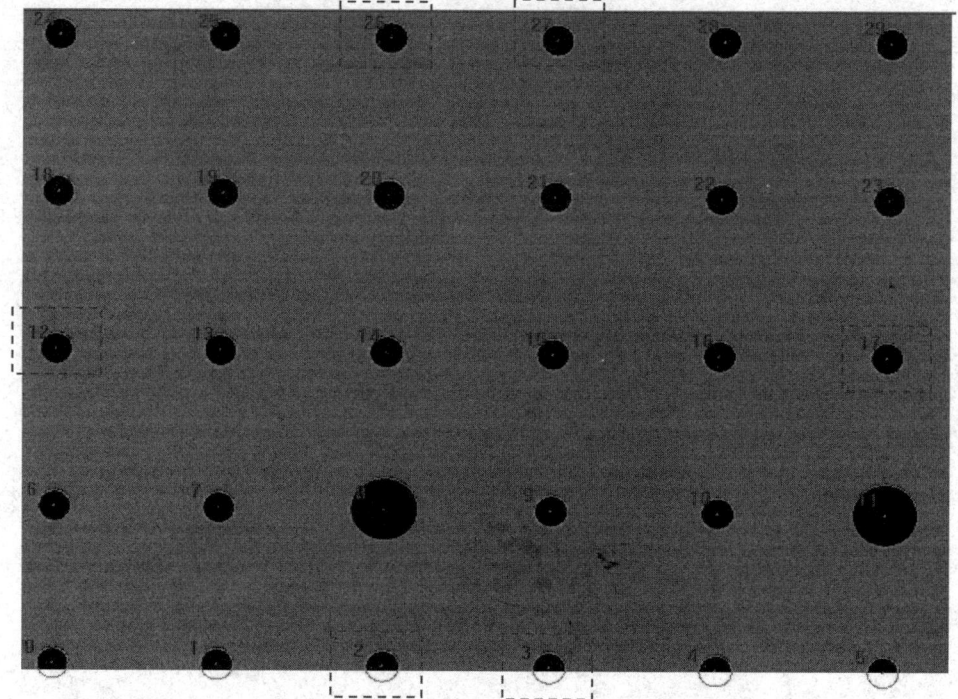

图 3.28　标定图像标志点提取结果及检查点分布情况

表 3.3 系统标定结果

系数	标定值	中误差
A	0.03238078459	3.17175e-06
B	-0.000302485874	4.11408-06
C	-2.933053071010	0.006135
D	0.0003282277818	3.17175e-06
E	0.0323956143924	4.11408-06
F	-0.803870897797	0.006135

表 3.4 标定检查点误差　　　　　　　　　　单位：像素

检查点序号	x 方向误差	y 方向误差
2	0.0201	0.0413
3	0.0163	0.0574
12	-0.0039	-0.0029
17	-0.0068	0.0012
26	0.0013	0.0081
27	0.0029	-0.0048

3.4.4　零件形状与尺寸检测实验

为了验证本书方法的有效性和精度，利用飞机的平面类零件（图 3.29）进行实验，结果如下：零件的轮廓特征识别结果如图 3.30，图 3.31 和图 3.32 所示。从图 3.33，图 3.34 和图 3.35 的结果中可以看出，本书的零件轮廓特征识别效果不受零件摆放位置及姿态的影响，可以达到很好的识别效果。另外如果检测视场内不止一个零件，本章的检测方法可以同时检测出零件的形状和几何尺寸，如图 3.36 和图 3.37 所示。关于零件的检测的具体特征的几何尺寸信息如图 3.38，图 3.39 和图 3.40 所示，这样关于该零件的其他检测信息，如圆孔与圆孔之间的距离、圆孔到边缘的距离等信息都可以很容易得到。

零件的设计数据如图 3.41，图 3.42 和图 3.43 所示，零件量测数据与设计数据的坐标系的自动对应过程及结果如图 3.44，图 3.45 和图 3.46 所示，表明本书的方法可以实现两坐标系的自动变换，实现零件质量的自动判定。自动对应结果不受零件在视场的摆放位置的限制，检测时，零件可以摆放在视场的任意位置，不同位置的对应结果如图 3.47，图 3.48 和图 3.49 所示。当视场中有两个零件时，本章方法也可以实现两个零件的同时自动比对，结果如图 3.50 所示。

另外本章利用三坐标量仪测零件获得的圆孔的直径和孔距的数据来评价本章方法的精度，结果如表 3.5 和表 3.6 所示，可以看出本书的测量方法达到了 ±0.005mm 以内的精度。实验证明本书方法的可行性。

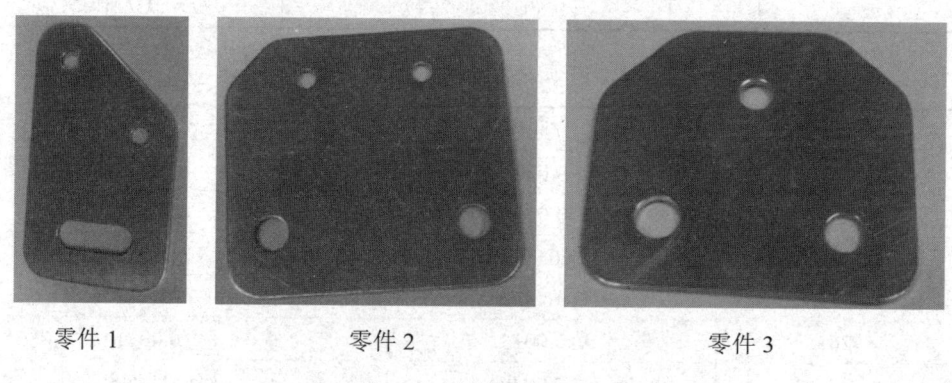

零件 1   零件 2   零件 3

图 3.29   实验零件

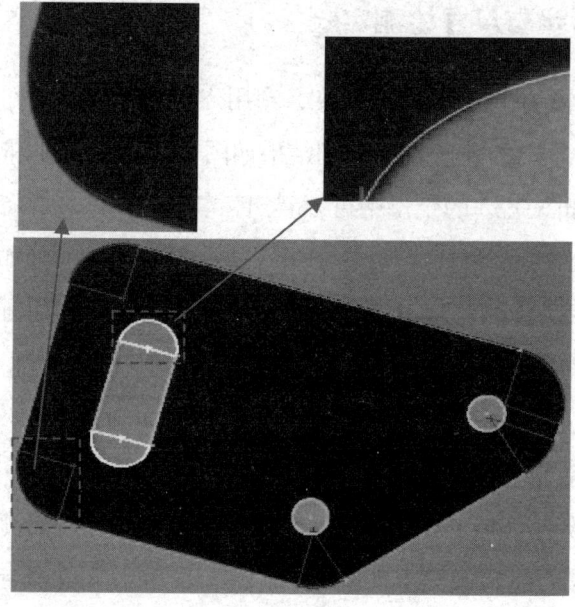

图 3.30   零件 1 的边缘轮廓特征提取结果

66

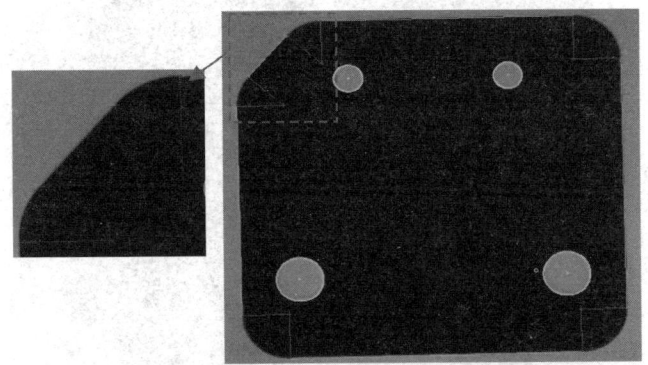

图 3.31 零件 2 的边缘轮廓特征提取结果

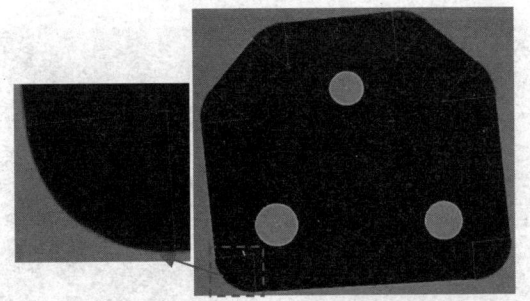

图 3.32 零件 3 的边缘轮廓特征提取结果

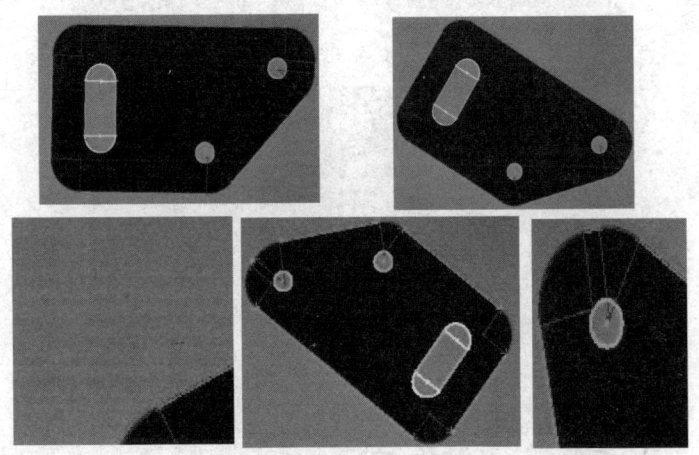

图 3.33 零件 1 不同姿态的边缘轮廓特征提取结果

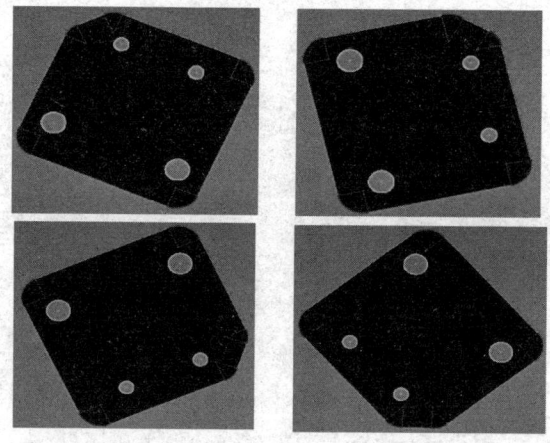

图 3.34　零件 2 不同姿态的边缘轮廓特征提取结果

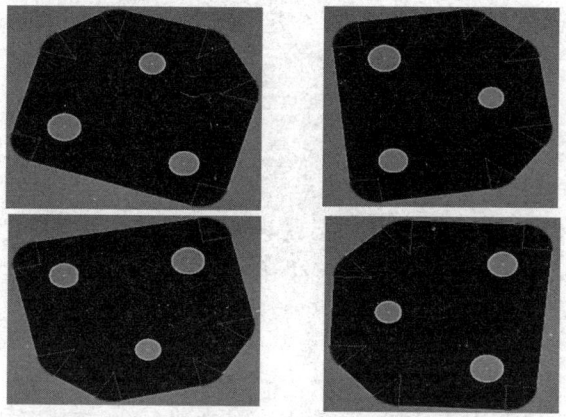

图 3.35　零件 3 不同姿态的边缘轮廓特征提取结果

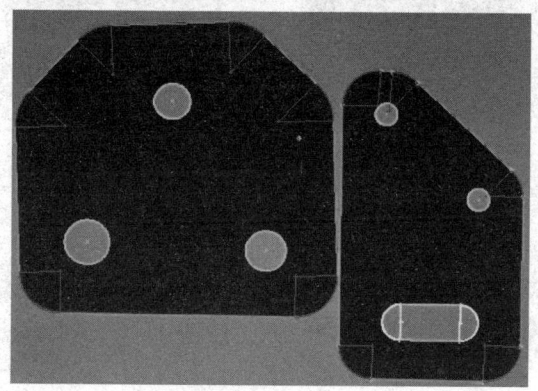

图 3.36　多零件边缘轮廓特征同时提取结果 1

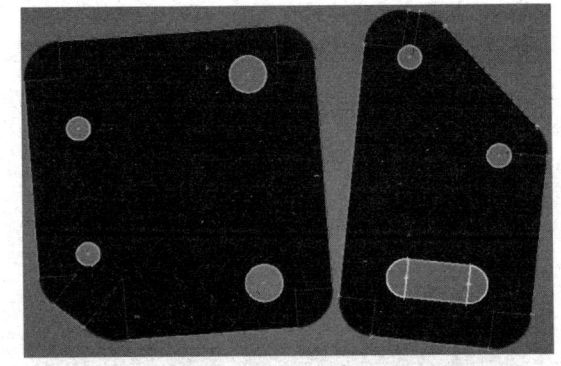

图 3.37　多零件边缘轮廓特征同时提取结果 2

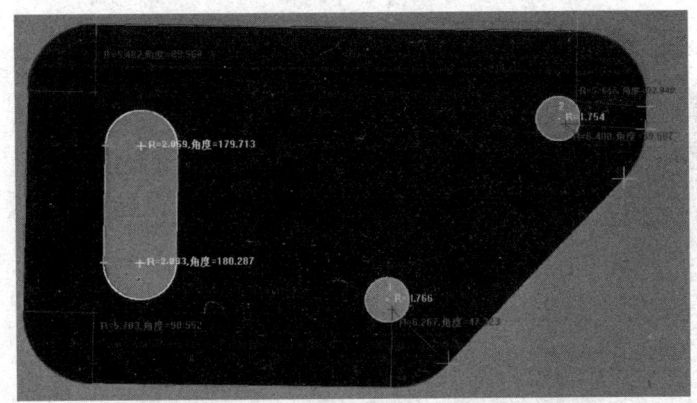

图 3.38　零件 1 的边缘轮廓特征尺寸检测结果

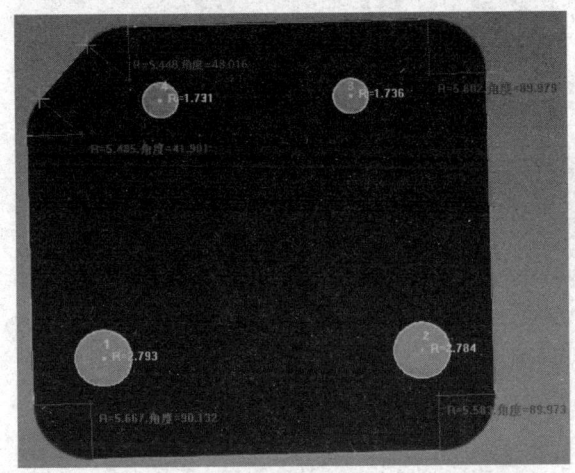

图 3.39　零件 2 的边缘轮廓特征尺寸检测结果

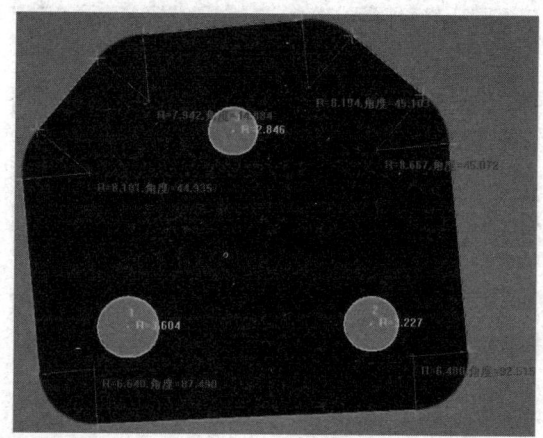

图 3.40　零件 3 的边缘轮廓特征尺寸检测结果

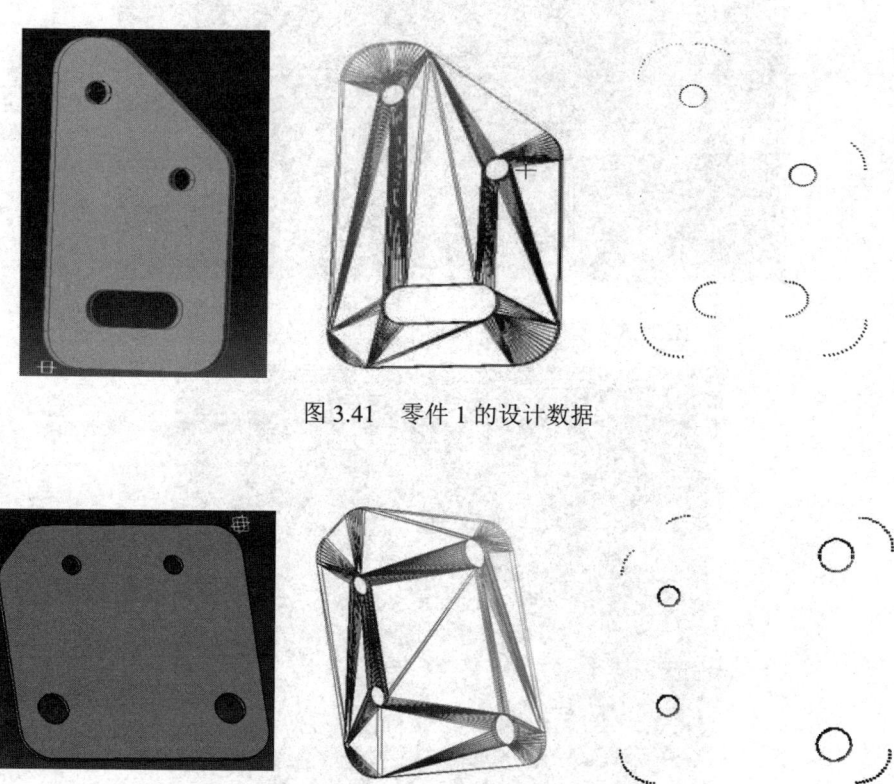

图 3.41　零件 1 的设计数据

图 3.42　零件 2 的设计数据

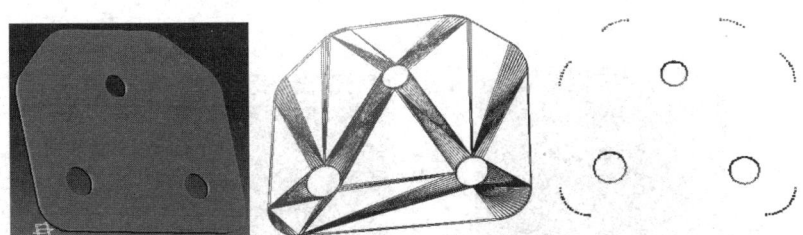

图 3.43 　零件 3 的设计数据

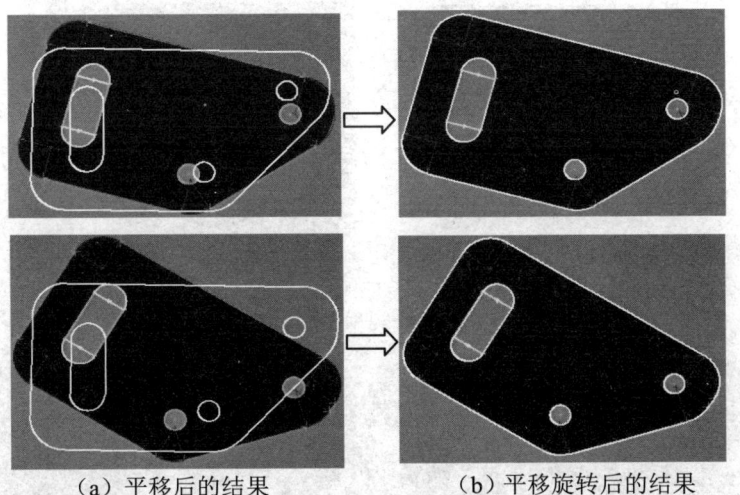

（a）平移后的结果　　　　　　　（b）平移旋转后的结果

图 3.44 　零件 1 的设计数据与检测数据的自动比对

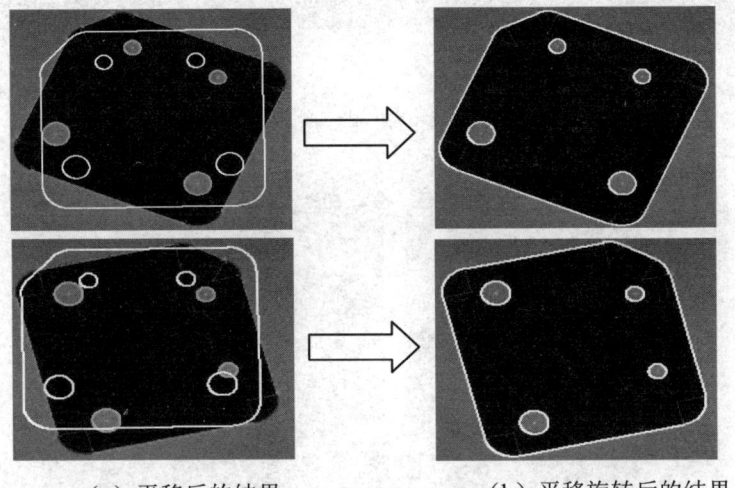

（a）平移后的结果　　　　　　　（b）平移旋转后的结果

图 3.45 　零件 2 的设计数据与检测数据的自动比对

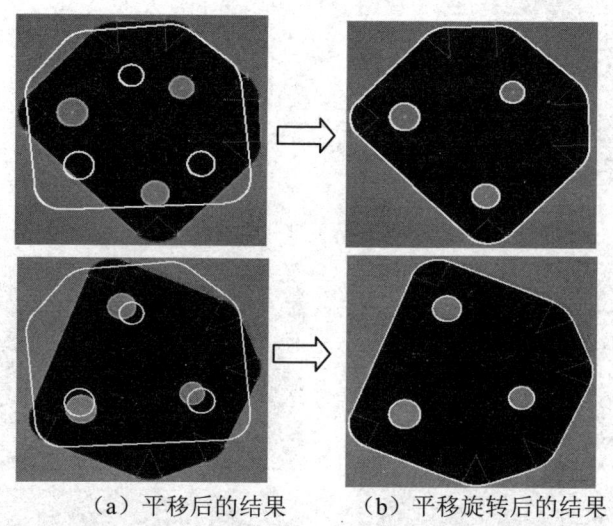

（a）平移后的结果　　　（b）平移旋转后的结果

图 3.46　零件 3 的设计数据与检测数据的自动比对

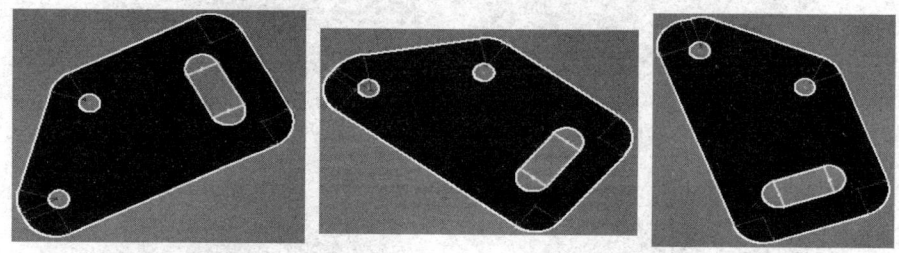

图 3.47　零件 1 在其他姿态的检测数据与设计数据的自动比对

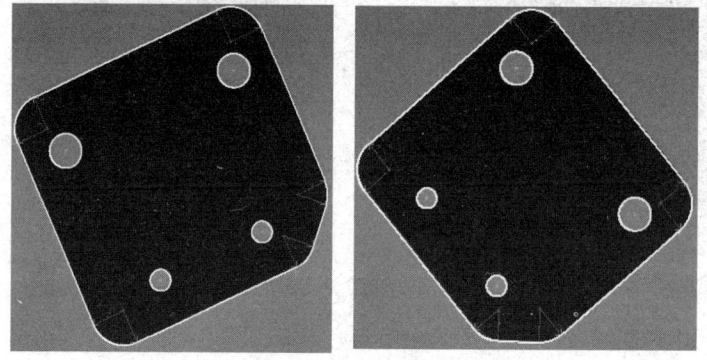

图 3.48　零件 2 在其他姿态的检测数据与设计数据的自动比对

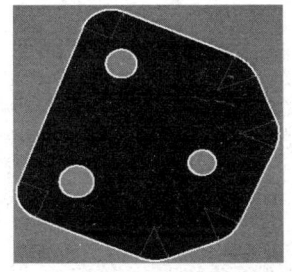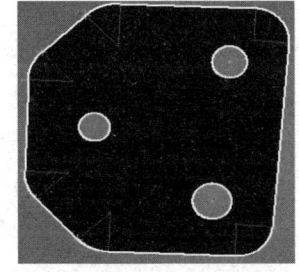

图 3.49 零件 3 在其他姿态的检测数据与设计数据的自动对应

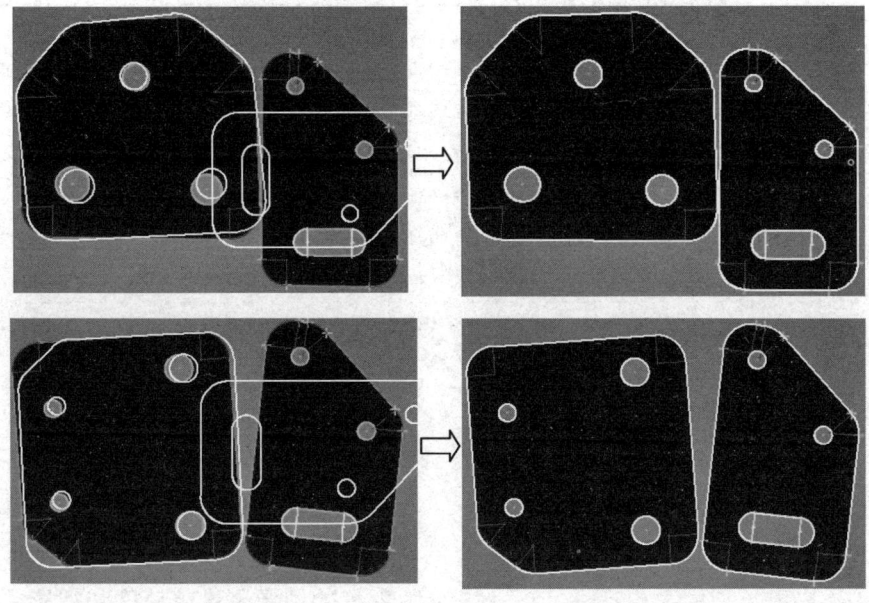

（a）平移后的结果 （b）平移旋转后的结果

图 3.50 多零件的检测数据与设计数据的同时自动比对

表 3.5 各零件中圆孔直径测量值比较 单位：mm

圆编号	设计值	三坐标量测值	本章测量值	检测差值
零件 1（1）	3.535	3.5347	3.5326	0.0021
零件 1（2）	3.510	3.5119	3.5071	0.0048
零件 2（1）	5.585	5.5836	5.5857	−0.0021
零件 2（2）	5.570	5.5713	5.5679	0.0034
零件 2（3）	3.470	3.4728	3.4720	0.0008

续表

圆编号	设计值	三坐标量测值	本章测量值	检测差值
零件 2（4）	3.460	3.4639	3.4620	0.0019
零件 3（1）	7.210	7.2077	7.2071	0.0006
零件 3（2）	6.455	6.4571	6.4548	0.0023
零件 3（3）	5.690	5.6942	5.6915	0.0027

注：零件 m（n）表示零件 m 的第 n 个圆。

表 3.6　各零件中圆孔间距测量值比较　　　　单位：mm

距离编号	设计值	三坐标量测值	本章测量值	检测差值
零件 1（1）-（2）	20.025	20.0259	20.0266	-0.0007
零件 2（1）-（2）	31.825	31.8263	31.8234	0.0029
零件 2（2）-（3）	26.680	26.682	26.6786	0.0034
零件 2（3）-（4）	19.065	19.0637	19.0649	-0.0012
零件 2（1）-（4）	26.710	26.7094	26.7073	0.0021
零件 3（1）-（2）	28.790	28.7887	28.7871	0.0016
零件 3（2）-（3）	28.420	28.4191	28.4203	-0.0012
零件 3（1）-（3）	26.600	26.5869	26.5965	0.0096

注：零件 m（a）-（b）表示零件 m 的第 a 个圆与第 b 个圆的距离。

3.5　本章小结

本章提出了利用大口径远心镜头来克服现有的图像测量仪精度与视场矛盾的缺点，结合几何轮廓线的多特征提取方法来检测平面类零件的形状和尺寸参数。对飞机平面类多孔零件的实验结果表明，该方法在保持精度的前提下扩大了检测范围，可以一次性测量出待测对象的所有相关参数信息，提高了测量的工作效率。

4 基于单数码相机的平面薄片类零件视觉测量方法

飞机类的零件中还有很大一部分是较大尺寸平面薄片类零件，其中间一般也分布着一些孔状特征（例如圆孔、矩形孔、圆角矩形孔等），其轮廓形状相对比较复杂，零件厚度一般情况下为已知值，基本小于 5mm，且大部分在 1mm 以内不等。这类零件的制造工艺一般是采用机械切割方式，在机械切割的过程中，薄片类零件内部很容易产生一定程度上的内应力，即便采用高精度的切割机床来切割，其零件的尺寸质量仍然是不稳定的。因此，为了保证生产出来的平面薄片类零件的质量，要检测其加工尺寸。另外，平面薄片类零件对孔径和孔间距的精度要求较高，同时其形状通常情况下都是不规则的，所以检测系统需要同时具备较高的检测精度和较强的检测能力。

本章提出一种基于单个非量测数码相机的视觉测量与检测方法，其主要步骤为：①基于二维 DLT 和光束法平差方法，利用布设有圆形标志的平面标定板对非量测数码相机的内参数进行高精度标定。②利用标定好的数码相机，对放置在布设有标志点的测量平台上的平面薄片类零件进行拍摄，并获取被测零件的图像。③在图像上提取识别标志点的信息，利用标志点的信息获取图像的外方位元素。④利用内外方位元素信息对零件影像进行畸变纠正和垂直纠正。⑤利用基于轮廓的特征提取方法从纠正后的图像上获取零件所有外轮廓、内轮廓的特征参数。并根据内外方位元素信息获取零件实际尺寸信息。

4.1 单相机平面视觉测量基本原理

如图 4.1 所示，如果物体的被测平面与像面平行，即与相机主光轴垂直时，根据中心透视投影的关系可知，此时目标及其图像满足相似关系，两平面之间只差一个缩放比例因子。因此只要对相机采集的图像进行特征提取，获取图像中待检测目标的几何特征，同时结合缩放比例因子得到物体的空间几何参数。与远心镜头设备不同的是，普通数码相机镜头的制造工艺和设计较为复杂，成像时很难满足严格意义上的中心透视投影关系，会存在稍大的镜头畸变，使光线发生偏移，因此使用普通数码相机进行视觉检测时必须要考虑其畸变因素。另外由于物体的被测平面与相机主光轴在实际操作过程中很难保证完全垂直，但是只要物体是在同一平面上分布，主光轴与物体被测平面的夹角已知，就可以通过垂直纠正将图像纠正成像面与物面平行的情况，使两者满足相似关系。

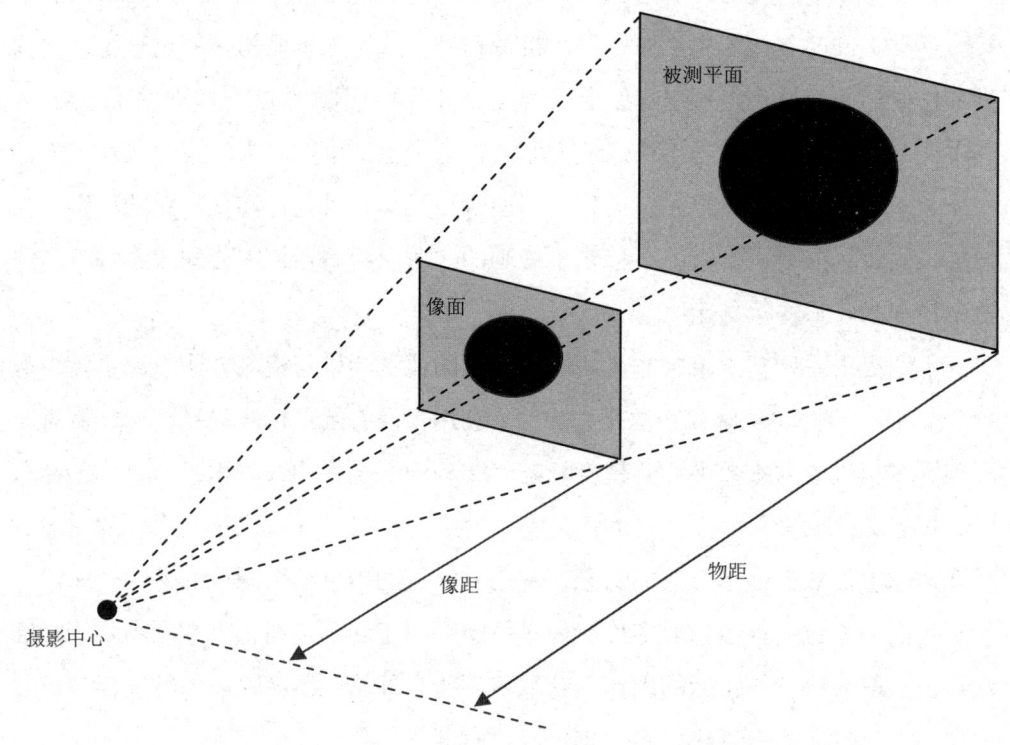

图 4.1　单相机平面视觉测量基本原理图

4.2　基于二维 DLT 和光束法平差的相机内参数标定

考虑到数码相机不能严格满足中心透视投影关系，因此相机标定时不能采用理想的透视模型，需要根据不同应用的精度要求建立不同复杂程度的成像模型，然后根据建立的相机模型进行标定并求解模型参数。建立的相机成像模型越接近实际的相机模型，则基于该标定结果进行测量的精度会越高。

在计算机视觉中，相机标定是指计算相机的内方位元素、外方位元素和光学畸变参数的过程。目前，非量测数码相机已得到广泛使用，其精确标定是高精度视觉检测的首要前提。下面分别介绍相机的成像模型和基于平面标定板的相机标定方法。

4.2.1　相机的成像模型

图像采集过程中，空间任意一点 P 在物方坐标系中的坐标，与其在相应的图像坐标系中坐标间的对应关系是由相机的成像模型决定的。相机的成像模型主要有线性模型和非线性模型两种。

1）线性相机模型，也可称为针孔模型（Pin-hole Model），是所有相机模型中最简单的一种形式，如图 4.2 所示，物体上的任意一点都可以通过针孔在像平面上成像，针孔、像点及物点共线，这就是摄影测量中共线方程的基本原理。理想的针孔相机是从三维投影空间到二维图像面的中心透视投影，并且没有任何非线性畸变，因此空间点 X_w 到图像点 x_i 的映射可以通过 3×4 的投影矩阵 P 来实现：

$$x_i = P X_w \tag{4.1}$$

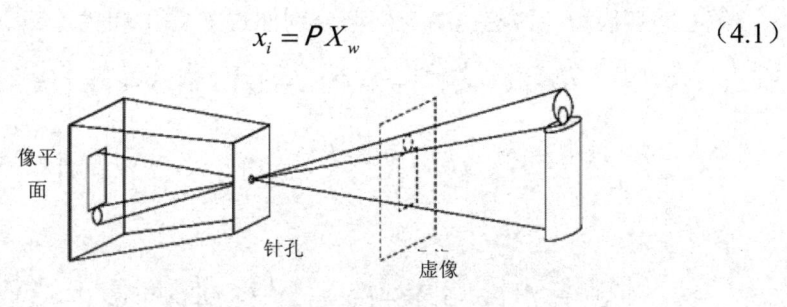

图 4.2　针孔模型示意图

2）非线性相机模型，经过大量实验研究，结果证明了线性相机模型只是一种理想的模型，它并不能准确地反映相机实际的成像几何关系，特别是广角镜头的成像，其离图像中心越远则畸变越大。一般情况下，相机非线性畸变主要包括径向畸变、偏心畸变和薄棱镜畸变三种畸变。

径向畸变模型为

$$\Delta x_r = \left(x - x_0\right)\left(K_1 \cdot r^2 + K_2 \cdot r^4 + K_3 \cdot r^6 + O[r^8]\right)$$
$$\Delta y_r = \left(y - y_0\right)\left(K_1 \cdot r^2 + K_2 \cdot r^4 + K_3 \cdot r^6 + O[r^8]\right)$$

（4.2）

式中：$r^2 = (x - x_0)^2 + (y - y_0)^2$，$(x_0, y_0)$为像主点坐标，$K_1$，$K_2$和$K_3$为径向畸变参数，$O$为相应的高阶分量。

径向畸变一般都是由于镜头的形状缺陷引起的，如图 4.3 所示，通常根据系数的正负将径向畸变分为枕形畸变和桶形畸变，实线正方形表示无畸变情况下的成像位置；正方形外部的虚线 b 是受枕形畸变影响下的成像情况，其所有的成像点除主点外都远离主点向外扩张；正方形内部的虚线 a 表示在桶形畸变影响下的成像情况，其所有的成像点除主点外都向主点收缩。

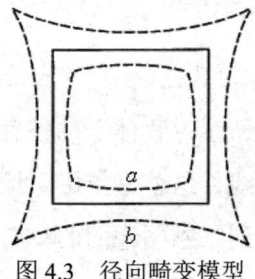

图 4.3　径向畸变模型

偏心畸变模型和薄棱镜畸变模型分别如式（4.3）和式（4.4）所示

$$\begin{cases} \Delta x_d = P_1\left[r^2 + 2 \cdot (x - x_0)^2\right] + 2 \cdot P_2(x - x_0) \cdot (y - y_0) + O\left[(x - x_0, y - y_0)^4\right] \\ \Delta y_d = P_2\left[r^2 + 2 \cdot (y - y_0)^2\right] + 2 \cdot P_1(x - x_0) \cdot (y - y_0) + O\left[(x - x_0, y - y_0)^4\right] \end{cases}$$

（4.3）

$$\begin{cases} \Delta x_p = S_1\left[(x - x_0)^2 + (y - y_0)^2\right] + O\left[(x - x_0, y - y_0)^4\right] \\ \Delta y_p = S_2\left[(x - x_0)^2 + (y - y_0)^2\right] + O\left[(x - x_0, y - y_0)^4\right] \end{cases}$$

（4.4）

式中 P_1，P_2 为偏心畸变参数，S_1，S_2 为薄棱镜畸变参数，O 为相应的高阶分量。一般因镜头制造和安装等误差会导致偏心畸变和薄棱镜畸变，它们使构像点沿向径方向和垂直于向径的方向偏离其准确位置。实验结果表明，由薄棱镜畸变和偏心畸变两者共同引起的误差约是径向畸变的 $\frac{1}{8}\sim\frac{1}{7}$ 。因此，通常情况下的标定不需要考虑薄棱镜畸变和偏心畸变，只需考虑径向畸变的前两项，除非在使用广角镜头时才需要考虑第三项。Tsai（1986）提出，在相机标定时引入的非线性参数过多的话，不仅对提高精度没有帮助，还可能会导致解的不稳定。而马颂德（1998，2000）的实验结果表明，相机模型中引入更多畸变参数时，标定的精度会有明显提高。Clarke（1998）指出，在数字摄影测量中，如果需要很高的精度时，就需要考虑畸变中心不同于像主点的情况；同时还提出，主点与畸变参数之间相关性较强，需要利用光束法平差进行标定。

4.2.2 基于平面标定板的相机内方位元素的获取

相机的内参数通常指相机的焦距、主点、畸变参数。对于量测相机，这些参数由厂家给出，对于非量测相机则使用前需要做标定（这里标定仅仅限于相机内部参数的确定）。一般情况下，相机的标定方法可以分为传统的标定方法和自标定方法。最典型的传统相机标定方法就是基于精密规范的三维控制场的标定方法，尽管其精度较高，但由于依赖外部控制，在需要实时和在线作业的环境下无法实现。自标定方法一般是利用两组以上图像序列中的约束关系来计算相机的模型参数。传统的标定方法从计算方法上可以分为：

1）采用最优化算法的标定方法：典型的有 Faig（1975）提出的摄影测量学传统方法和 Abdel-Aziz 等（2015）提出的直接线性变换法，该类方法假设的相机光学成像模型比较复杂，精度较高，但需要初始值，优化程序比较耗时，计算量大。

2）两步法：该类方法首先利用透视变换矩阵或直接线性变换方法求解相机的参数，并将计算得到的参数结果作为初始值，同时考虑镜头畸变情况，采用最优化算法进行精确标定，从而提高标定精度。

3）基于透视变换矩阵的标定方法：由于该类方法不考虑镜头的非线性畸变，所以标定精度不是很高，但是因为其只需要利用线性最优化方法来求解相机的参数，因此运算速度快。

4）双平面法：相机成像模型采用双平面模型代替针孔模型来求解参数，该方法优点是通过线性方法计算模型参数，缺点是未知参数过多，可能会导致解的不稳定。

自标定方法主要包括以下几种：

1）采用基本矩阵和本质矩阵的标定方法：由于基本矩阵包含了相机的内部参数信息和外部参数信息，分解求得的基本矩阵即可得到相机的内外参数。

2）基于绝对二次曲线和外极线变换性质的标定方法：位于无穷远平面的绝对二次曲线的图像是一条二次曲线，并且仅与内部参数有关，与相机的外方位元素无关，由此原理推出的 Kruppa 方程可以用来进行自标定解算。

3）利用主动系统控制相机做特定运动自标定方法：若相机的运动满足特定的关系，则可以利用图像同名点的坐标线性地求解其参数，即基于主动视觉的标定方法。Luong 等人（2000）进行了深入的研究。

4）利用多幅图像之间的直线对应关系的标定方法：利用三视张量对投影矩阵的约束，结合多幅图像中线段的对应关系进行自标定。

在实际应用中选用哪种标定方法一是要看需要满足的精度，二是要看是否易于实现。基于三维控制场的标定方法是比较严谨的，但是不易于使用。对需要经常性的摄影，使用三维控制场成本较高。从实用性和便捷性考虑，需要能保证一定精度并容易制造，具有可移动性的检校场或控制物体。本书利用一种较新的实用的标定技术获取相机的初始内参数，利用布设有圆形标志的平面标定板作为控制（图 4.4），适合室内高精度标定。

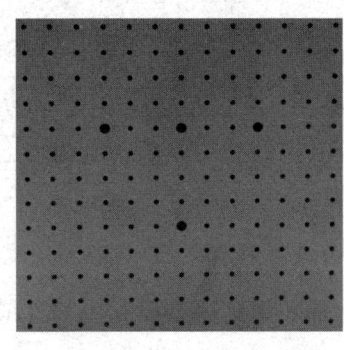

图 4.4　布设有圆形控制点的平面标定板

张永军（2002）利用二维 DLT 参数和共线方程之间的对应关系，提出了基于二维 DLT 参数分解，获取相机内外方位元素初值的实用方法，并推导出了利用光束法平差进行相机标定的数学模型。

利用二维 DLT 参数分解获取摄像机内外方位元素初始值。二维 DLT 对于非量测相机拍摄的平面场景图像分析非常有用，它可表示为

$$x = \frac{h_1 X + h_2 Y + h_3}{h_7 X + h_8 Y + 1}$$

$$y = \frac{h_4 X + h_5 Y + h_6}{h_7 X + h_8 Y + 1}$$

（4.5）

式中：$h_i(i=1,2,\cdots,8)$ 是二维直接线性变换参数，X,Y 是平面标定板上圆形标志点圆心的空间坐标（Z 坐标为零）；x,y 为平面控制点相应的像坐标。

不考虑镜头畸变影响时，相机的实际未知数为 9 个，即 $f, x_0, y_0, \varphi, \omega, \kappa, X_S, Y_S, Z_S$，而二维 DLT 只有 8 个参数，从而不能根据二维 DLT 参数唯一分解出相机的 9 个参数。因此需要从不同角度摄取至少两幅图像，才能进行解算并唯一确定像主点的坐标。

如图 4.4 所示，从图像上提取圆心，抽取 4 个大圆并且根据相互之间的距离角度等关系，来确定每幅影像上的像点与相应控制点的对应关系。实验过程中发现由于其中 3 个圆在一条直线上，存在相关性，无法正确求得 DLT 系数，需要再加一个圆，如图 4.5 所示，在 0 点和 1 点中间取一个 4 号点，在每幅图像中利用这 5 个点算出各自的二维直接线性变换系数 $(h_0,\cdots,h_7)$。

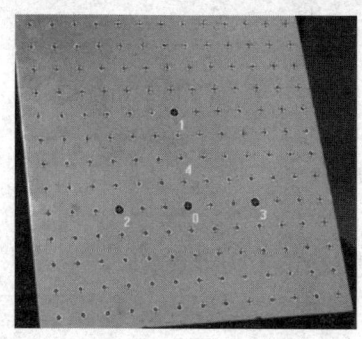

图 4.5　确定大圆的位置

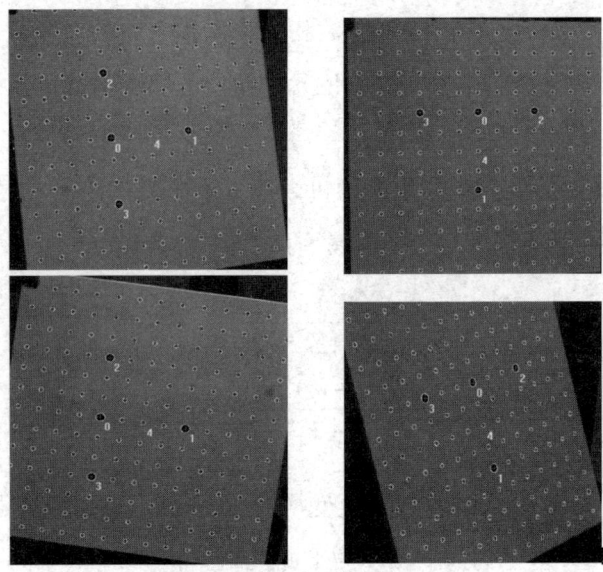

图 4.5　确定大圆的位置（续）

摄影测量中最常用的共线方程为

$$\begin{cases} x - x_0 = -f\dfrac{a_1\left(X - X_s\right) + b_1\left(Y - Y_s\right) + c_1\left(Z - Z_s\right)}{a_3\left(X - X_s\right) + b_3\left(Y - Y_s\right) + c_3\left(Z - Z_s\right)} \\[4mm] y - y_0 = -f\dfrac{a_2\left(X - X_s\right) + b_2\left(Y - Y_s\right) + c_2\left(Z - Z_s\right)}{a_3\left(X - X_s\right) + b_3\left(Y - Y_s\right) + c_3\left(Z - Z_s\right)} \end{cases} \tag{4.6}$$

式中：x,y 为像点的像平面坐标；x_0, y_0 为投影器的像主点坐标；f 为投影器的焦距；(X_s, Y_s, Z_s) 为摄站点的物方空间坐标；(X, Y, Z) 为物方点的物方空间坐标；$R = \{a_i, b_i, c_i, i = 1, 2, 3\}$ 是摄影测量中以 Y 为主轴的旋转系统下的旋转角 φ, ω, κ 构成的旋转矩阵。将式（4.6）转换成式（4.5）的形式为

$$\begin{cases} x = \dfrac{\left(f\dfrac{a_1}{\lambda} - \dfrac{a_3}{\lambda}x_0\right)X + \left(f\dfrac{b_1}{\lambda} - \dfrac{b_3}{\lambda}x_0\right)Y + \left(x_0 - \dfrac{f}{\lambda}\left(a_1 X_s + b_1 Y_s + c_1 Z_s\right)\right)}{-\dfrac{a_3}{\lambda}X - \dfrac{b_3}{\lambda}Y + 1} \\[6mm] y = \dfrac{\left(f\dfrac{a_2}{\lambda} - \dfrac{a_3}{\lambda}y_0\right)X + \left(f\dfrac{b_2}{\lambda} - \dfrac{b_3}{\lambda}y_0\right)Y + \left(y_0 - \dfrac{f}{\lambda}\left(a_2 X_s + b_2 Y_s + c_2 Z_s\right)\right)}{-\dfrac{a_3}{\lambda}X - \dfrac{b_3}{\lambda}Y + 1} \end{cases} \tag{4.7}$$

式中：$\lambda = \left(a_3 X_s + b_3 Y_s + c_3 Z_s\right)$，比较式（4.6）和式（4.7）可得

$$\begin{cases} h_1 = f\dfrac{a_1}{\lambda} - \dfrac{a_3}{\lambda}x_0 \\[3mm] h_2 = f\dfrac{b_1}{\lambda} - \dfrac{b_3}{\lambda}x_0 \end{cases} \qquad (4.8)$$

$$\begin{cases} h_4 = f\dfrac{a_2}{\lambda} - \dfrac{a_3}{\lambda}y_0 \\[3mm] h_5 = f\dfrac{b_2}{\lambda} - \dfrac{b_3}{\lambda}y_0 \end{cases} \qquad (4.9)$$

$$\begin{cases} h_3 = x_0 - \dfrac{f}{\lambda}\left(a_1 X_s + b_1 Y_s + c_1 Z_s\right) \\[3mm] h_6 = y_0 - \dfrac{f}{\lambda}\left(a_2 X_s + b_2 Y_s + c_2 Z_s\right) \end{cases} \qquad (4.10)$$

$$\begin{cases} h_7 = -\dfrac{a_3}{\lambda} \\[3mm] h_8 = -\dfrac{b_3}{\lambda} \end{cases} \qquad (4.11)$$

$$\begin{cases} \dfrac{\left(h_1 - h_7 x_0\right)}{f} = \dfrac{a_1}{\lambda} \\[3mm] \dfrac{\left(h_2 - h_8 x_0\right)}{f} = \dfrac{b_1}{\lambda} \end{cases} \qquad (4.12)$$

$$\begin{cases} \dfrac{\left(h_4 - h_7 y_0\right)}{f} = \dfrac{a_2}{\lambda} \\[3mm] \dfrac{\left(h_5 - h_8 y_0\right)}{f} = \dfrac{b_2}{\lambda} \end{cases} \qquad (4.13)$$

$$\begin{cases} -h_7 = \dfrac{a_3}{\lambda} \\[3mm] -h_8 = \dfrac{b_3}{\lambda} \end{cases} \qquad (4.14)$$

将式（4.12），式（4.13）和式（4.14）的上下两式分别相乘并相加，考虑到 $a_1 b_1 + a_2 b_2 + a_3 b_3 = 0$ 得到式（4.15）：

$$\frac{\left(h_1 - h_7 x_0\right) \cdot \left(h_2 - h_8 x_0\right)}{f^2} + \frac{\left(h_4 - h_7 y_0\right) \cdot \left(h_5 - h_8 y_0\right)}{f^2} + h_7 h_8 = 0 \qquad (4.15)$$

则有 $f = \sqrt{\dfrac{-\left(h_1 - h_7 x_0\right) \cdot \left(h_2 - h_8 x_0\right) - \left(h_4 - h_7 y_0\right) \cdot \left(h_5 - h_8 y_0\right)}{h_7 h_8}} \qquad (4.16)$

将式（4.12），式（4.13）和式（4.14）的上下两式分别自乘并相加，同时考虑 $a_1^2 + a_2^2 + a_3^2 = 1$ 和 $b_1^2 + b_2^2 + b_3^2 = 1$ 并消去 λ 得

$$\frac{\left(h_1 - h_7 x_0\right)^2 - \left(h_2 - h_8 x_0\right)^2 + \left(h_4 - h_7 y_0\right)^2 - \left(h_5 - h_8 y_0\right)^2}{f^2} + \left(h_7^2 - h_8^2\right) = 0 \quad (4.17)$$

利用式（4.15）和式（4.17）消去焦距 f 即可得

$$\left(h_1 h_8 - h_2 h_7\right)\left(h_1 h_7 - h_7^2 x_0 + h_2 h_8 - h_8^2 x_0\right) + \left(h_4 h_8 - h_5 h_7\right)\left(h_4 h_7 - h_7^2 y_0 + h_5 h_8 - h_8^2 y_0\right) = 0$$

$$(4.18)$$

式（4.18）可以表示成 $\begin{pmatrix} L_x & L_y \end{pmatrix} \begin{pmatrix} x_0 \\ y_0 \end{pmatrix} = L_c$ 的形式，如果有 3 张及以上影像，

则可以通过求解超定方程 $L_x = c$ 求得像主点坐标（ x_0, y_0 ）。利用上述方法求得

x_0, y_0 后，即可根据式（4.16）或式（4.17）及各张图像的二维 DLT 参数，采用最

小二乘方法计算焦距 f 的初始值。

解算出像主点 x_0, y_0 及焦距 f 后，则可以进行外方位元素的分解。将式（4.14）

分别代入式（4.12），式（4.13）可得

$$\frac{a_1}{a_3} = -\frac{\left(h_1 - h_7 x_0\right)}{f h_7} \qquad \frac{b_1}{b_3} = -\frac{\left(h_2 - h_8 x_0\right)}{f h_8}$$

$$\frac{a_2}{a_3} = -\frac{\left(h_4 - h_7 y_0\right)}{f h_7} \qquad \frac{b_2}{b_3} = -\frac{\left(h_5 - h_8 y_0\right)}{f h_8} \qquad (4.19)$$

在 Y 为主轴的转角系统下，$\mathrm{tg}k = \dfrac{b_1}{b_2}$，由式（4.19）知，$\mathrm{tg}\kappa = \dfrac{b_1}{b_2} = \dfrac{h_2 - h_8 x_0}{h_5 - h_8 y_0}$，

该式可唯一确定 k 角。

接下来解算 ω 角。由 $b_1^2 + b_2^2 + b_3^2 = 1$ 可得 $b_3^2 = \dfrac{1}{1 + \dfrac{(h_2 - h_8 x_0)^2}{f^2 h_8^2} + \dfrac{(h_5 - h_8 y_0)^2}{f^2 h_8^2}}$。

因此 b_3 的值有正负两种情况，不能唯一确定。先假设 b_3 的值在开平方后取正号，

通过 b_3 计算得到的 b_1，b_2 解算 κ'，与已确定的 k 角相比较，如果 $\kappa! = \kappa'$ 则说明 b_3

应取负号，否则 b_3 的值取正号。再通过 $\sin\omega = -b_3$ 即可解算出 ω 的值。

根据旋转矩阵的正交性可得：

$$\begin{pmatrix} c_1 \\ c_2 \\ c_3 \end{pmatrix} = \begin{pmatrix} a_1 \\ a_2 \\ a_3 \end{pmatrix} \times \begin{pmatrix} b_1 \\ b_2 \\ b_3 \end{pmatrix} = \begin{pmatrix} a_2 b_3 - a_3 b_2 \\ a_3 b_1 - a_1 b_3 \\ a_1 b_2 - a_2 b_1 \end{pmatrix} \qquad (4.20)$$

$\mathrm{tg}\varphi = -\dfrac{a_3}{c_3} = \dfrac{a_3}{a_1 b_2 - a_2 b_1} = \dfrac{1}{\dfrac{a_1}{a_3} b_2 - \dfrac{a_2}{a_3} b_1}$，其中 b_1，b_2 已在求 ω 角时确定，

$\dfrac{a_1}{a_3}$ 和 $\dfrac{a_2}{a_3}$ 可由式（4.19）确定，因此 φ 角可唯一确定。

在以上求解 φ, ω, κ 角的过程中，只计算了旋转矩阵中的部分元素，因而在

计算线元素 X_S, Y_S, Z_S 的初值时，需利用计算出的 φ, ω, κ 角元素计算出旋转矩阵

的各元素值。然后根据式（4.12），式（4.13），式（4.14）分别计算 λ 值，求其平

均值作为最终 λ 的值，则 X_S, Y_S, Z_S 的初值可通过计算线性方程组获得。

$$\begin{cases} a_1 X_s + b_1 Y_s + c_1 Z_s = \dfrac{\lambda x_0 - \lambda h_3}{f} \\[2mm] a_2 X_s + b_2 Y_s + c_2 Z_s = \dfrac{\lambda x_0 - \lambda h_3}{f} \\[2mm] a_3 X_s + b_3 Y_s + c_3 Z_s = \lambda \end{cases} \tag{4.21}$$

在一般情况下，由于非量测相机镜头存在较大的畸变，标定时需求解相机的镜头畸变参数。最后利用包含径向畸变和偏心畸变参数纠正的严密光束法平差数学模型进行平差，得到方位元素的高精度标定值。实际上，畸变参数还有薄棱镜畸变等参数，不过其影响很小，因而这里未加考虑。

该标定方法的基本操作：将相机拍摄 4 幅及以上不同角度的标定板图像（也可以固定相机而移动标定板），即可进入自动处理阶段。自动处理包括：①标志点圆心的自动提取；②大圆的自动识别；③二维 DLT 解算初始参数；④光束法平差。输出的参数为：焦距(f_x, f_y)、像主点(x_0, y_0)、畸变差参数(K_1, K_2, P_1, P_2)以及各幅标定图像的外方位元素$(X_S, Y_S, Z_S, \varphi, \omega, \kappa)$。

4.3 基于平面控制点信息的图像外方位元素值的解算

将平面零件放置在布设有控制点的测量平台上，将标定好的相机安置在相机支架上，安装时使相机主光轴与测量平台尽量垂直，将相机调整到合适的高度。利用相机获取零件图像，图像中至少包含 4 个以上的控制点，且控制点在图像上的分布尽量均匀。

利用 4 个以上的控制点应用上节描述的方法获取图像外方位元素的初始值。

将相机内方位元素看成已知值对共线方程进行线性化，即可得到用于在已知内方位元素前提下标定外方位元素的误差方程，利用误差方程迭代求解出图像的精确的外方位元素值：

$$\begin{cases} v_x = \dfrac{\partial x}{\partial X_S}\Delta X_S + \dfrac{\partial x}{\partial Y_S}\Delta Y_S + \dfrac{\partial x}{\partial Z_S}Z_S + \dfrac{\partial x}{\partial \phi}\Delta\phi + \dfrac{\partial x}{\partial \omega}\Delta\omega + \dfrac{\partial x}{\partial \kappa}\Delta k - l_x \\[3mm] v_y = \dfrac{\partial y}{\partial X_S}\Delta X_S + \dfrac{\partial y}{\partial Y_S}\Delta Y_S + \dfrac{\partial y}{\partial Z_S}Z_S + \dfrac{\partial y}{\partial \phi}\Delta\phi + \dfrac{\partial y}{\partial \omega}\Delta\omega + \dfrac{\partial y}{\partial \kappa}\Delta k - l_y \end{cases} \tag{4.22}$$

式中：

$$\begin{cases} l_x = (x - x_0 - \Delta x) + f_x \dfrac{\overline{X}}{\overline{Z}} \\ l_y = (y - y_0 - \Delta y) + f_y \dfrac{\overline{Y}}{\overline{Z}} \end{cases} \tag{4.23}$$

$$\begin{cases} \Delta x = (x - x_0)(K_1 r^2 + k_2 r^4) + P_1\left[r^2 + 2(x - x_0)^2\right] + 2P_2(x - x_0)(y - y_0) \\ \Delta y = (y - y_0)(K_1 r^2 + k_2 r^4) + P_2\left[r^2 + 2(y - y_0)^2\right] + 2P_1(x - x_0)(y - y_0) \end{cases}$$

$$\tag{4.24}$$

图像外方位元素中线元素改正系数如下：

$$\begin{cases} \dfrac{\partial x}{\partial X_S} = \dfrac{1}{Z}\left[a_1 f_x + a_3(x - x_0 - \Delta x)\right] \\[2mm] \dfrac{\partial x}{\partial Y_S} = \dfrac{1}{Z}\left[b_1 f_x + b_3(x - x_0 - \Delta x)\right] \\[2mm] \dfrac{\partial x}{\partial Z_S} = \dfrac{1}{Z}\left[c_1 f_x + c_3(x - x_0 - \Delta x)\right] \\[2mm] \dfrac{\partial y}{\partial X_S} = \dfrac{1}{Z}\left[a_2 f_x + a_3(y - y_0 - \Delta y)\right] \\[2mm] \dfrac{\partial y}{\partial X_S} = \dfrac{1}{Z}\left[b_2 f_x + b_3(y - y_0 - \Delta y)\right] \\[2mm] \dfrac{\partial y}{\partial X_S} = \dfrac{1}{Z}\left[c_2 f_x + c_3(y - y_0 - \Delta y)\right] \end{cases} \tag{4.25}$$

图像角方位元素中线元素改正系数如下：

$$\begin{cases} \dfrac{\partial x}{\partial \varphi} = (y - y_0 - \Delta y)\sin\omega - \left\{\dfrac{(x - x_0 - \Delta x)}{f_x}\left[(x - x_0 - \Delta x)\cos k - (y - y_0 - \Delta y)\sin k\right] + f_x\cos k\right\}\cos\omega \\[2mm] \dfrac{\partial x}{\partial \omega} = -f_x\sin k - \dfrac{(x - x_0 - \Delta x)}{f_x}\left[(x - x_0 - \Delta x)\sin k - (y - y_0 - \Delta y)\cos k\right] \\[2mm] \dfrac{\partial x}{\partial k} = -(x - x_0 - \Delta x) \\[2mm] \dfrac{\partial y}{\partial \varphi} = -(x - x_0 - \Delta x)\sin\omega - \left\{\dfrac{(y - y_0 - \Delta y)}{f_y}\left[(x - x_0 - \Delta x)\cos k - (y - y_0 - \Delta y)\sin k\right] - f_y\sin k\right\}\cos\omega \\[2mm] \dfrac{\partial y}{\partial \omega} = -f_y\cos k - \dfrac{(y - y_0 - \Delta y)}{f_y}\left[(x - x_0 - \Delta x)\sin k - (y - y_0 - \Delta y)\cos k\right] \\[2mm] \dfrac{\partial y}{\partial k} = y - y_0 - \Delta y \end{cases} \tag{4.26}$$

式（4.22）可以写为 $V = B\delta_X - l$ 的形式，是典型的间接平差模型，其解算方法不再赘述。

4.4 图像纠正

4.4.1 图像纠正原理

获取图像并得到图像的内外方位元素之后，在进行检测前，还需要对获取的图像进行高精度畸变纠正和垂直纠正（虽然能尽量保证相机主光轴与零件平面垂直，但仍不是严格意义上的垂直）。

畸变纠正是利用相机标定结果中的畸变差参数来修改像素点位置坐标。令标定出的相机畸变差参数为 K_1, K_2, P_1, P_2，主点坐标为 (x_0, y_0)，像素大小为 pixel_s，图像的宽高分别为 w, h，则计算每个像素点畸变差的公式为式（4.27），则畸变纠正的过程可以描述为：从没有畸变的图像坐标 (u,v) 出发反算出其在有畸变的图像中的坐标 (x,y)，然后将相应的像素灰度值赋值给没有畸变的图像坐标，如果 (x,y) 不为整数，则需内插出相应的灰度值赋值给 (u,v)，每个像素点的计算流程如图 4.6 所示。

$$\begin{cases} dx = (x-x_0)(K_1 r^2 + k_2 r^4) + P_1\left[r^2 + 2(x-x_0)^2\right] + 2P_2(x-x_0)(y-y_0) \\ dy = (y-y_0)(K_1 r^2 + k_2 r^4) + P_2\left[r^2 + 2(y-y_0)^2\right] + 2P_1(x-x_0)(y-y_0) \end{cases} \quad (4.27)$$

垂直纠正是根据获取的图像的角度参数来纠正图像，并使其主光轴与物体被测平面垂直，即将图像纠正成像面与物面平行的情况，使两者满足相似关系（如图 4.7 所示）。若原始图像坐标为 (x,y)，纠正后的图像为 (u,v)，则

$$\begin{cases} u = -f\dfrac{a_1 x + a_2 y + a_3}{c_1 x + c_2 y + c_3} \\ v = -f\dfrac{b_1 x + b_2 y + b_3}{c_1 x + c_2 y + c_3} \end{cases} \quad (4.28)$$

因为角度的关系，纠正后的图像与原始图像大小可能不一致，所以具体纠

正过程中需要先通过正解法来求解纠正后图像的大小，再从纠正图像每个像素点 (u,v) 出发找出其在原始图像中的相应坐标位置处 (x,y) 的像素值，将其赋值给 (u,v)。

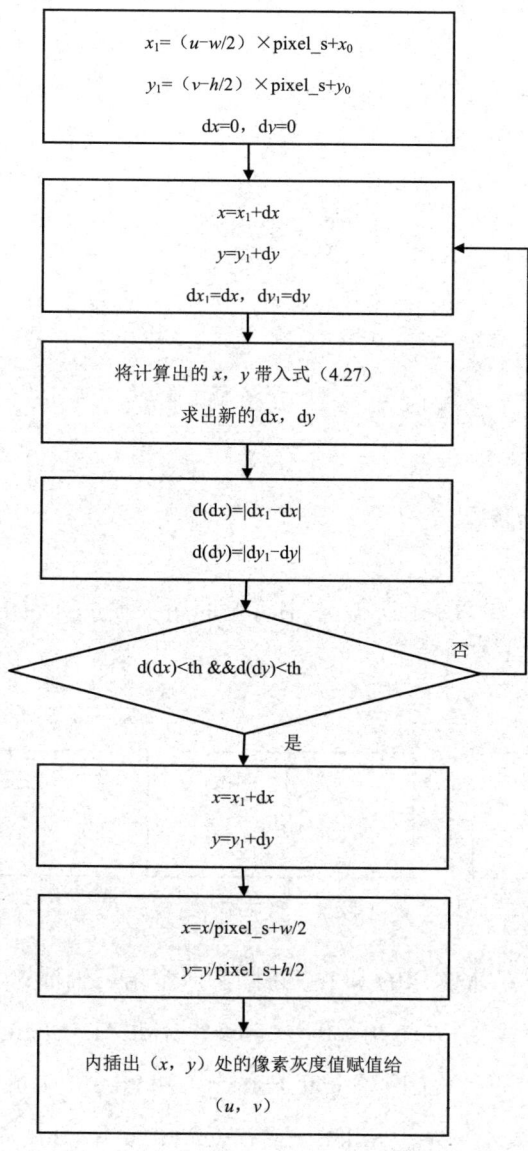

图 4.6 反解法中每个像素点畸变纠正流程

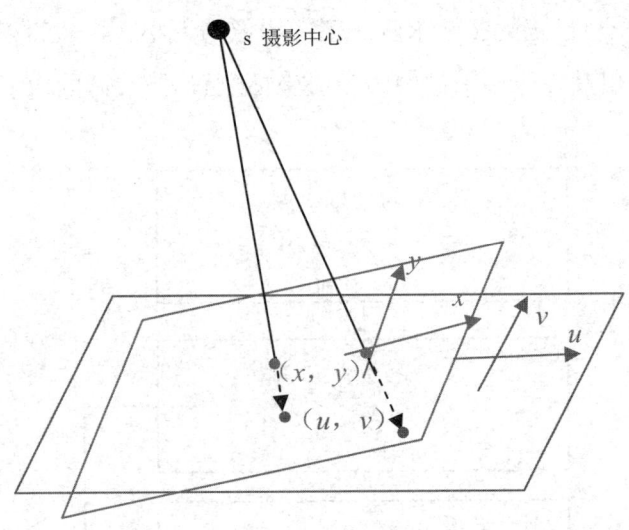

图 4.7　垂直纠正基本原理图

4.4.2　图像纠正流程

为了减少重采样对精度的图像，本书将畸变纠正和垂直纠正同时进行，纠正顺序如图 4.8 所示。

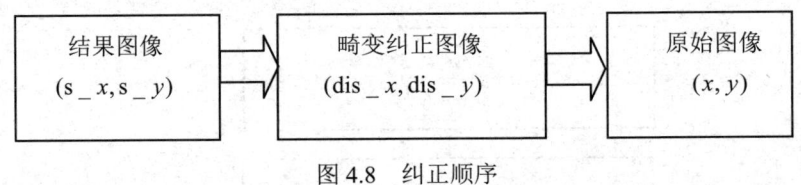

图 4.8　纠正顺序

1）计算纠正后的结果图像的大小。将图像四个角点坐标：

左下角 left_bottom（−width/2，−height/2）

右下角 right_bottom（width/2，−height/2）

左上角 left_top（−width/2，height/2）

右上角 right_top（width/2，height/2）

代入式（4.29）求得纠正后图像对应的四个角点的坐标，从四个点坐标中找

出 x, y 方向的最大最小值 $x_{\max}, x_{\min}, y_{\max}, y_{\min}$。

$$
\begin{cases}
\mathrm{s\_}x = -f \cdot \dfrac{a_1 \cdot (\dfrac{x}{f_x} \cdot f) + a_2 \cdot (\dfrac{y}{f_y} \cdot f) - a_3 \cdot f}{c_1 \cdot (\dfrac{x}{f_x} \cdot f) + c_2 \cdot (\dfrac{y}{f_y} \cdot f) - c_3 \cdot f} \\[5mm]
\mathrm{s\_}y = -f \cdot \dfrac{b_1 \cdot (\dfrac{x}{f_x} \cdot f) + b_2 \cdot (\dfrac{y}{f_y} \cdot f) - b_3 \cdot f}{c_1 \cdot (\dfrac{x}{f_x} \cdot f) + c_2 \cdot (\dfrac{y}{f_y} \cdot f) - c_3 \cdot f}
\end{cases}
\tag{4.29}
$$

2）求出纠正后图像的宽和高：

$n\mathrm{Rectwidth} = \mathrm{ceil}\big[\mathrm{fabs}(x_{\max} - x_{\min}) / 4\big] \times 4$

$x_{\max} = x_{\min} + n\mathrm{Rectwidth}$

$n\mathrm{Rectheight} = \mathrm{ceil}\big[\mathrm{fabs}(y_{\max} - y_{\min}) / 4\big] \times 4$

$y_{\max} = y_{\min} + n\mathrm{Rectheight}$

式中：$n\mathrm{Rectwidth}$ 为纠正后图像的宽；$n\mathrm{Rectheight}$ 为纠正后图像的高。

3）从结果图像出发，利用反解法对图像进行纠正。

$$
\begin{cases}
\mathrm{dis\_}x = -f_x \cdot \dfrac{a_1 \cdot \mathrm{s\_}x + b_1 \cdot \mathrm{s\_}y - c_1 \cdot f}{a_3 \cdot \mathrm{s\_}x + b_3 \cdot \mathrm{s\_}y - c_3 \cdot f} \\[4mm]
\mathrm{dis\_}y = -f_y \cdot \dfrac{a_2 \cdot \mathrm{s\_}x + b_2 \cdot \mathrm{s\_}y - c_2 \cdot f}{a_3 \cdot \mathrm{s\_}x + b_3 \cdot \mathrm{s\_}y - c_3 \cdot f}
\end{cases}
\tag{4.30}
$$

4）从纠正后的结果图像出发，$\mathrm{s\_}y$ 从 $y_{\min}$ 到 $y_{\max}$，$\mathrm{s\_}x$ 从 $x_{\min}$ 到 $x_{\max}$，将每个点 $(\mathrm{s\_}x, \mathrm{s\_}y)$ 代入式（4.28），求得对应的畸变纠正后的坐标 $(\mathrm{dis\_}x, \mathrm{dis\_}y)$，再由 $(\mathrm{dis\_}x, \mathrm{dis\_}y)$ 利用畸变纠正公式求得其对应的原始图像坐标 (x, y)，利用双线性内插求得的灰度值作为结果图像中像素 $(\mathrm{s\_}x, \mathrm{s\_}y)$ 的灰度值，具体纠正流程如图 4.9 所示。

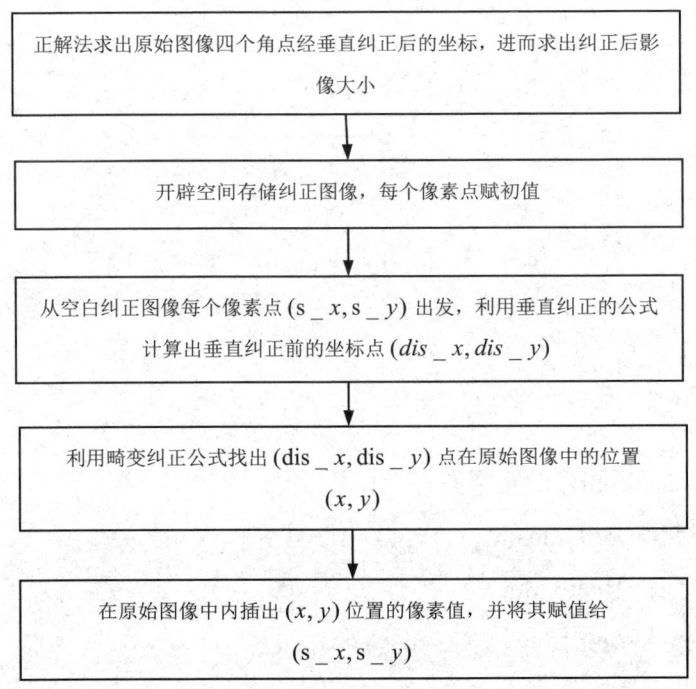

图 4.9   图像纠正流程图

4.5   零件几何参数值的获取

经过畸变纠正和垂直纠正后的零件图像面与被测面满足平行的情况，即两者间满足相似变换，只存在一个比例关系，因此在利用第二章中介绍的边缘轮廓多特征图元提取方法获取零件的轮廓特征参数后，利用下面的比例变换公式计算出零件各参数坐标的物方坐标值，从而得到零件的真实几何参数值。

$$\begin{cases} X = x \cdot \dfrac{Z_s - Z_{零件}}{f} \cdot \text{pixelsize} \\[2mm] Y = y \cdot \dfrac{Z_s - Z_{零件}}{f} \cdot \text{pixelsize} \end{cases} \tag{4.31}$$

式中：pixelsize 为像素大小；Z_s 为主光轴的高度；$Z_{零件}$ 为零件的厚度；f 为主距。

4.6 实验结果与分析

为了验证本章方法的有效性，利用 2100 万像素的 5DMARKII单反机获取零件图像进行实验：首先利用相机从不同的位置和角度获取 4 张以上平面标定板的图像（图 4.10），利用 4.2.2 节描述的方法对相机内方位元素进行标定，标定结果及其精度如表 4.1 所示（其中像素大小为 0.0064mm）。

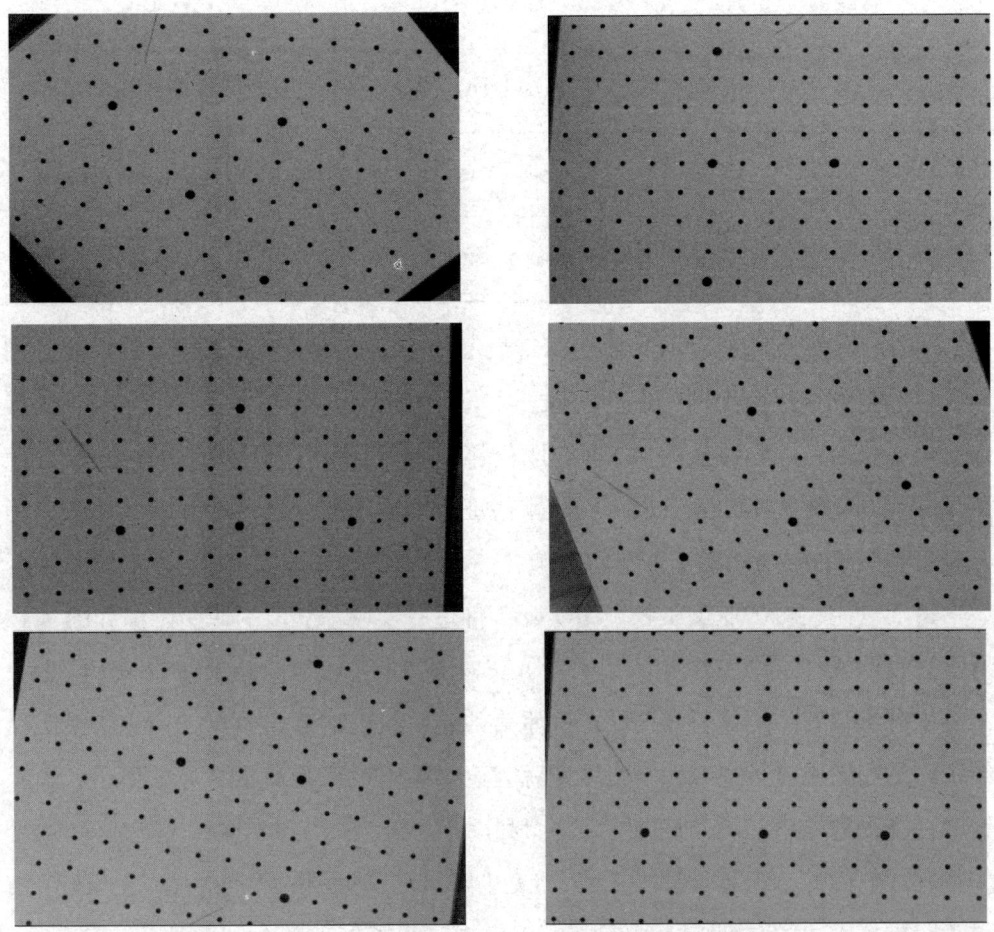

图 4.10 标定图像

表 4.1 相机内方位元素标定结果

参数	标定值	中误差/mm
x_0	0.1074	0.00961
y_0	−0.1236	0.00746
f_x	53.5112	0.00726
f_y	53.5471	0.00726
K_1	−0.0000563517	7.51424.014
K_2	0.0000000066	7.64032-021
P_1	0.0000041162	3.23891-011
P_2	0.0000036403	2.49043-011

　　利用标定好的相机获取类似于标定板已知坐标值的圆形标志构成的控制场图像，然后对图像进行上面描述的图像外方位元素获取、畸变纠正和垂直纠正的操作，最后获取各圆心的坐标，从而获取相邻圆心间的距离（图 4.11），并与设计距离（相邻圆间距为 60mm）进行比较来验证本章方法的精度（表 4.2），结果表明其精度范围在 0.1mm 以内。

　　进而利用飞机工业加工领域中实际零件进行实验，获取的原始图像如图 4.12 所示，提取图像上的控制点（图 4.13）获取图像的外参数，结果如表 4.3 所示。利用内外参数对图像进行畸变纠正和垂直纠正，纠正结果如图 4.14 所示，最后在纠正后的图像上进行边缘轮廓提取跟踪，边缘链码跟踪结果如图 4.15 所示，边缘轮廓特征提取结果如图 4.16 所示，进而利用 4.5 节方法得到零件的检测几何参数，并将其零件内部 18 个矩形的长和宽与三坐标量测仪量测的数据对比（表 4.4），结果表明本章方法的精度能达到 0.1mm 以内，证明了本章方法的可行性。

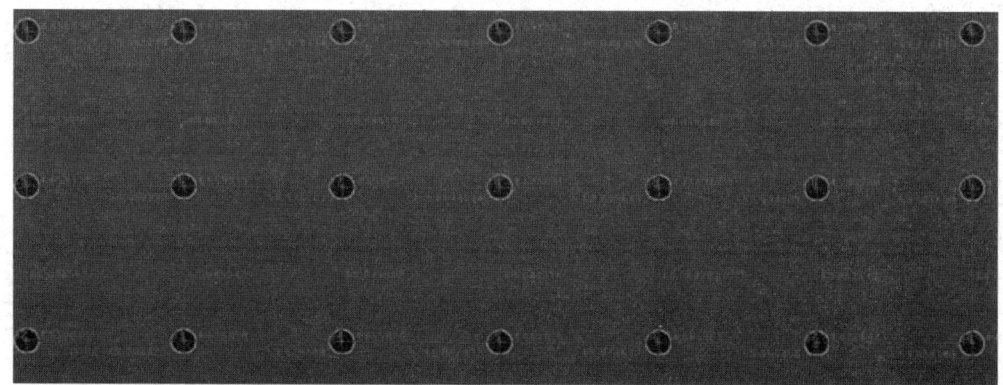

图 4.11 利用本章方法获取控制点间的距离进行精度评价

表 4.2 控制点图像圆心距离量测值（部分）

圆心距离设计值/mm	圆心距离量测值/mm	测量差值/mm
60.00	59.982878	0.017122
60.00	60.000998	−0.001000
60.00	60.008823	−0.00882
60.00	59.974251	0.025749
60.00	59.998874	0.001126
60.00	59.994094	0.005906
⋮	⋮	⋮
60.00	60.007932	−0.00793
60.00	60.004772	−0.00477
60.00	60.048358	−0.04836
60.00	59.989700	0.010300
60.00	60.009880	−0.00988
60.00	60.019962	−0.01996

图 4.12 获取的原始图像

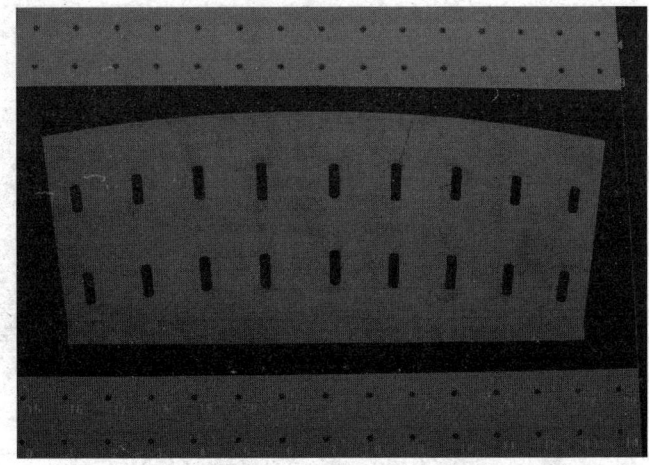

图 4.13　提取用于计算图像外参数的标志点

表 4.3　图 4.11 图像的外参数

参数	标定值	中误差/mm
X_s	346.541288	0.00124
Y_s	54.249882	0.00127
Z_s	1425.419288	0.00119
φ	0.0844001	1.34144e-06
ω	0.162802	1.22368-06
κ	−0.015569	3.32500e-07

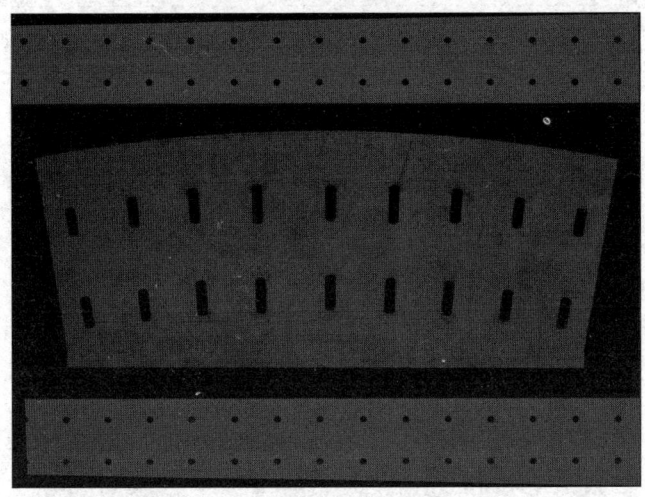

图 4.14　纠正后的图像

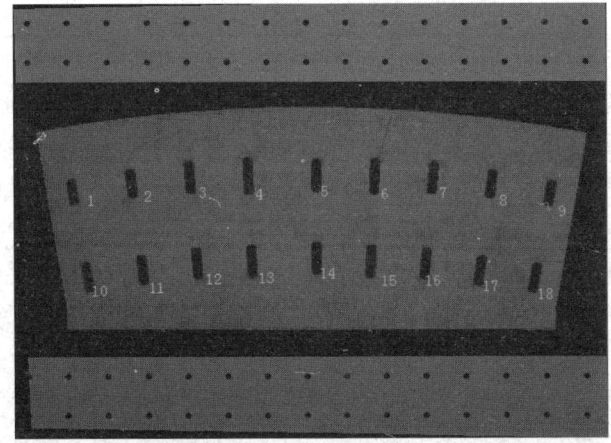

图 4.15　纠正后的图像轮廓初始跟踪结果

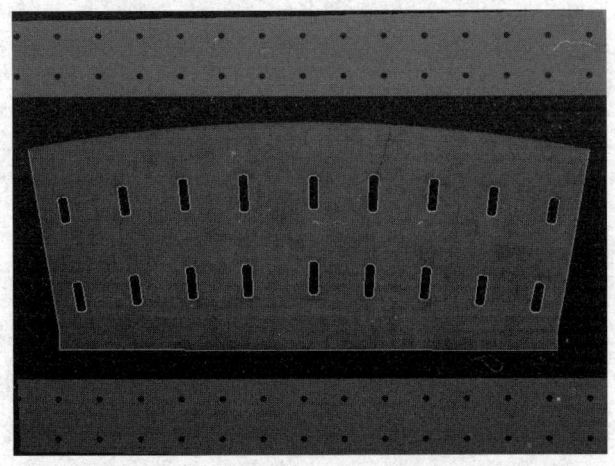

图 4.16　纠正后的图像轮廓特征提取结果

表 4.4　图 4.13 零件内部矩形检测值与三坐标量测仪量测值　单位：mm

矩形编号	三坐标量测长	本章方法检测长	长度检测差值	三坐标量测宽	本章方法检测宽	宽度检测差值
1	40.1639	40.1308	0.0331	14.9693	14.9461	0.0232
2	44.8866	44.9086	−0.022	14.9997	15.0170	−0.0173
3	50.2467	50.2779	−0.0312	14.9932	14.9141	0.0791
4	56.3945	56.3254	0.0691	14.9870	14.9445	0.0425
5	50.8373	50.8509	−0.0136	15.0089	15.0173	−0.0084
6	56.3945	56.3546	0.0399	14.9874	14.9385	0.0489

续表

矩形编号	三坐标量测长	本章方法检测长	长度检测差值	三坐标量测宽	本章方法检测宽	宽度检测差值
7	50.2467	50.2178	0.0289	14.9539	14.9390	0.0149
8	44.8866	44.8172	0.0694	14.9392	14.9540	−0.0148
9	40.1639	40.1029	0.061	14.9399	14.9422	−0.0023
10	45.8760	45.8529	0.0231	14.9580	14.9257	0.0323
11	46.5219	46.5073	0.0146	15.0036	14.9769	0.0267
12	50.1301	50.1685	−0.0384	15.0001	14.9729	0.0272
13	50.4221	50.3972	0.0249	14.9979	15.0199	−0.022
14	50.8373	50.8520	−0.0147	15.0031	15.0054	−0.0023
15	50.4221	50.4126	0.0095	14.9958	14.9727	0.0231
16	50.1301	50.1161	0.014	14.9652	14.9414	0.0238
17	46.5219	46.5062	0.0157	14.9720	14.9589	0.0131
18	45.8760	45.8316	0.0444	14.9594	14.9473	0.0121

4.7 本章小结

本章研究了基于单个非量测数码相机的平面薄片类零件高精度形状与尺寸视觉测量方法。分析了单相机视觉测量的原理，介绍了基于二维 DLT 和光束法平差的相机内参数的标定方法，实现了基于平面控制点信息的单幅图像的外方位元素的解算，以及图像的畸变纠正和垂直纠正，最后利用基于轮廓线的多特征的提取方法获取零件的几何参数和形状特征，并将测量结果与设计数据进行了比较，实验结果证明了本书方法的有效性。

5 基于模型和广义点摄影测量的圆柱类零件 三维视觉测量方法

飞机类零件中还有很多具有单纯的基本几何结构的零件，如轴承、滚柱、转轴、销等圆柱类零件，对于这类零件，往往需要同时测量其高度、直径等信息，属于真正意义上的三维测量。这种检测要求，利用本书前几章介绍的方法无法满足或无法一次性满足测量要求。本章将以圆柱类零件为例，基于模型和广义点摄影测量，研究利用立体相机的视觉测量方法来一次性获取被测物体所有的待测尺寸参数。

5.1 广义点摄影测量基本理论

5.1.1 点和直线的摄影测量

摄影测量学采用的常常是相机小孔成像的数学模型，即物点 (X, Y, Z)、像点 (x, y) 和摄影中心 (X_S, Y_S, Z_S) 位于同一条直线上并满足共线方程：

$$\begin{cases} x - x_0 - \Delta x = -f\dfrac{a_1(X - X_S) + b_1(Y - Y_S) + c_1(Z - Z_S)}{a_3(X - X_S) + b_3(Y - Y_S) + c_3(Z - Z_S)} \\ y - y_0 - \Delta y = -f\dfrac{a_2(X - X_S) + b_2(Y - Y_S) + c_2(Z - Z_S)}{a_3(X - X_S) + b_3(Y - Y_S) + c_3(Z - Z_S)} \end{cases} \tag{5.1}$$

基于点的摄影测量即使已经从模拟、解析发展到数字摄影测量阶段，所涉及的点一般仍然是物理上的和可视的点，例如角点和交点等，而没有涉及类似于直线和圆弧这类完全数学意义上的点。

在建筑物等人造物体中，除了物理点外还大量存在着更加易于观测的直线特征，因此摄影测量界对利用图像直线信息进行三维测量的方法也进行了大量的研究。研究图像上的一条直线与其对应的空间直线，及其摄影中心满足共面条件的关系是基于直线的摄影测量的主要研究内容，其中两条直线的对应点无须是同名点，这也是基于直线的摄影测量的最大优点。图 5.1 描述的就是空间直线 *MN* 与其对应的像面直线 *mn* 以及摄影中心 *S* 的共面关系，且点 *M* 和 *m*，*N* 和 *n* 之间无须是对应的关系。

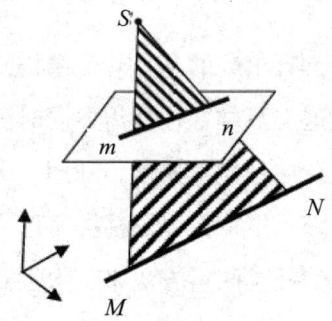

图 5.1　空间直线与像面直线共面

它们之间满足以下的两个共面方程：

$$\begin{cases} \begin{vmatrix} X_m & Y_m & Z_m \\ X_M - X_S & Y_M - Y_S & Z_M - Z_S \\ X_N - X_S & Y_N - Y_S & Z_N - Z_S \end{vmatrix} = F_1 = 0 \\ \begin{vmatrix} X_n & Y_n & Z_n \\ X_M - X_S & Y_M - Y_S & Z_M - Z_S \\ X_N - X_S & Y_N - Y_S & Z_N - Z_S \end{vmatrix} = F_2 = 0 \end{cases} \tag{5.2}$$

式中：(X_M, Y_M, Z_M)，(X_N, Y_N, Z_N) 分别为空间点 M 和 N 在物方坐标系下的坐标；(X_m, Y_m, Z_m)，(X_n, Y_n, Z_n) 为图像点在摄站坐标系下的坐标。

　　与直线特征相比，工业零件的点特征是很难准确获取的，而且零件上的特征也不完全局限于直线特征，所以基于点和直线的摄影测量都无法很好地满足工业零件检测的需要。

5.1.2　广义点摄影测量

　　传统摄测量中的"点"指的都是物理意义上的点，如圆心、特征角点和交叉点、线段端点等可视的点。而在现实环境中，除了可视的点及直线外，还存在着各种形式的曲线状对象，如工业零件上的圆、圆弧特征和河流、城市及乡村道路等。从数学意义上来说，所有的线状信息，包括直线和曲线，都是由点信息组成的，它们是更广泛意义上的一种点；而具体到特征上的每个点当然都满足摄影测量学中的共线方程，这也是广义点摄影测量的理论基础。在广义点摄影测量中直线和曲线上的点满足共线方程，可以直接采用式（5.1）的共线方程的基本形式。广义点摄影测量理论扩展了传统点摄影测量的应用范围，不再需要像点和空间点之间严格的对应关系，是广义点摄影测量与传统摄影测量的主要区别。其基本数学形式见式（5.3），其中 α 对于直线来说表示直线的方向角，对于曲线来说 α 表示曲线上任意一点的切线方向角，这样在每次计算时对于特征上的每个点根据 α 的值仅仅使用关于 x 或 y 的一个共线方程。

$$\begin{cases} x-x_0-\Delta x=-f\dfrac{a_1(X-X_S)+b_1(Y-Y_S)+c_1(Z-Z_S)}{a_3(X-X_S)+b_3(Y-Y_S)+c_3(Z-Z_S)}(135°\geqslant|\alpha|\geqslant45°) \\[3mm] y-y_0-\Delta y=-f\dfrac{a_2(X-X_S)+b_2(Y-Y_S)+c_2(Z-Z_S)}{a_3(X-X_S)+b_3(Y-Y_S)+c_3(Z-Z_S)}(|\alpha|\geqslant135°或|\alpha|\leqslant45°) \end{cases}$$

$$(5.3)$$

广义点是物理意义上的点和数学意义上的点的统称，它包含了各种可视点和各种形式的直线上的点和曲线上的点。根据广义点摄影测量的理论，广义点中包含的所有的点都可以作为控制点直接应用于共线方程，如圆上的任意一个点，它与传统摄影测量使用的物理意义上的点间不同之处就在于：物理意义上的每个点都使用 x 与 y 方向的两个共线方程，而在广义点中，往往只使用 x 或 y 的一个共线方程，例如对于直线来说，一般是根据直线的方向来选择参与计算的方程。这样代入共线方程的点都是以特征的参数方程形式表达的，所以平差的过程和特征参数的解算过程是同步的，可以直接得到特征的参数值。所以，广义点中所有的点（包括所有的可视点和数学意义上的点）都可以利用共线方程这一个数学模型统一进行平差。本章就将借助于广义点摄影测量不需要严格意义上的同名点及可以直接求解参数这两个优势，将广义点应用到圆柱类零件的视觉检测中，直接一次性解算出圆柱类零件所有待检测的特征参数。

5.2　圆柱的数学模型与轮廓表达

先建立圆柱体的模型坐标系，其建立方法是以圆柱体底面圆的圆心 O 作为坐标原点，包含原点的底面圆所在的平面为模型坐标系的 XOY 面，从而构建出的右手坐标系 O-XYZ。从图 5.2 可以看出，模型坐标系中的圆柱体只有两个待测参数：圆柱的底面圆的半径 R 和圆柱的高 H。

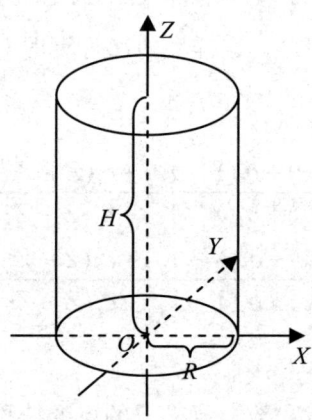

图 5.2　圆柱体模型坐标系的建立

圆柱体在图像上投影而形成的轮廓包括圆柱体顶面圆、底面圆部分及圆柱的两条母线，确定对应轮廓中这两条母线缝的角度 θ_1 和 θ_2 的方法如图 5.3 所示。其中在模型坐标系中，与摄影中心 $S(X_s, Y_s, Z_s)$ 对应的坐标为 $S'(X_s', Y_s', Z_s')$，D 点为模型坐标系中摄影中心 S' 在 XOY 平面上的投影，其到底面圆的两条切线是 DA 和 DB。

令
$$\begin{cases} a = \arcsin(r / \sqrt{X_s'^2 + Y_s'^2}) \\ b = \arctan(Y_s' / X_s') \end{cases} \tag{5.4}$$

则 当 $X_S > 0$ 时，$\begin{cases} \theta_1 = b - (\pi / 2 - a) \\ \theta_2 = b + (\pi / 2 - a) \end{cases}$ （5.5）

102

当 $X_S < 0$ 时，$\begin{cases} \theta_1 = \pi + b - (\pi/2 - a) \\ \theta_2 = \pi + b + (\pi/2 - a) \end{cases}$ （5.6）

则轮廓中顶面圆和底面圆可通过式（5.7）来表达，两条母线利用式（5.8）计算得到：

$$\begin{cases} X = R\cos\theta \\ Y = R\sin\theta \ (0 < \theta < 2\pi, \varepsilon = 0 或 1) \\ Z = \varepsilon H \end{cases} \tag{5.7}$$

$$\begin{cases} X = R\cos\theta_i \\ Y = R\sin\theta_i \ (\theta_i = \theta_1 或 \theta_2, \ 0 < \varepsilon < 1) \\ Z = \varepsilon h \end{cases} \tag{5.8}$$

式中 ε 为根据圆柱体的高度及采样点的个数确定的计算母线上的采样点的 Z 坐标的系数，若打算在母线上取 10 个点，则 ε 取值分别为 0.1，0.2，0.3…1，其对应的采样点的 Z 坐标分别是 0.1H，0.2H，0.3H…H。

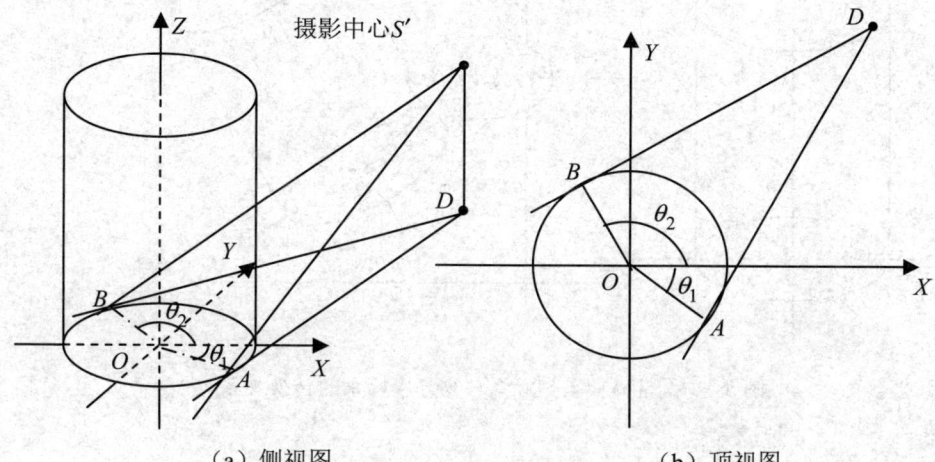

（a）侧视图 （b）顶视图

图 5.3 图像上两条可视母线对应的角度（θ_1 和 θ_2）分析

5.3 基于广义点摄影测量的圆柱体平差模型

用底面圆圆心 (X_0, Y_0, Z_0)，底面圆半径 R，底面圆与顶面圆圆心构成的中心轴线的方向(V_x, V_y, V_z)，及圆柱体的高度 H 可以唯一表示空间中的任意一个圆柱体，其对应的坐标系定为 $O'-X'Y'Z'$（物方坐标系）。确定圆柱体物方坐标系与模型坐标系的转换关系，是借助模型坐标系中的圆柱体轮廓的数学表达式，计算物方坐标系中圆柱体轮廓点的空间坐标的一个前提，下面就将介绍如何获取两个坐标系的转换关系。

从图 5.4 中可以看出，可以用 $\boldsymbol{T\_M} = [X_0, Y_0, Z_0]^\mathrm{T}$ 表达模型坐标系与物方坐标系之间的平移关系。可以用传统摄影测量中常见的以 Y 轴为主轴的 $\varphi - \omega - \kappa$ 转角方式确定的三个转角：φ'，ω'，κ'，以此来表达两坐标系间的旋转关系，但是对于旋转对称类型的圆柱体来说，κ' 角不会影响其参数的大小，可以不参与计算，直接取为 0，用式（5.9）计算 φ'，ω' 的值。从而就得到式（5.10）——两个坐标系转换的旋转矩阵。

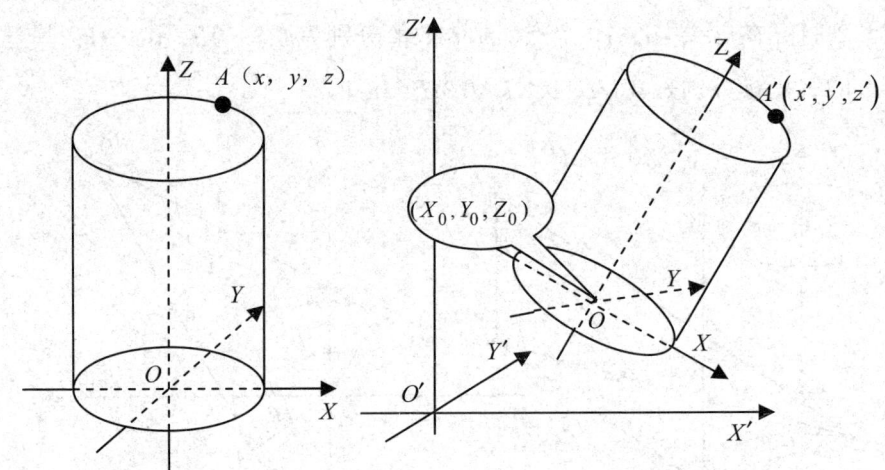

图 5.4 圆柱体模型坐标系与物方坐标系的转换关系

$$\begin{cases} \sin\varphi' = \dfrac{V_x}{\sqrt{V_x^{\,2} + V_z^{\,2}}} \\[4mm] \sin\omega' = \dfrac{V_y}{\sqrt{V_x^{\,2} + V_y^{\,2} + V_z^{\,2}}} \end{cases} \tag{5.9}$$

式中：V_x，V_y，V_z 为圆柱体底面圆和顶面圆圆心构成的中心轴线的方向向量。

$$R\_M = \begin{pmatrix} a_1' & a_2' & a_3' \\ b_1' & b_2' & b_3' \\ c_1' & c_2' & c_3' \end{pmatrix} = \begin{pmatrix} \cos\varphi' & -\sin\varphi'\sin\omega' & -\sin\varphi'\cos\omega' \\ 0 & \cos\omega' & -\sin\omega' \\ \sin\varphi' & \cos\varphi'\sin\omega' & \cos\varphi'\cos\omega' \end{pmatrix} \quad （5.10）$$

式中：R_M 为计算得到的旋转矩阵；$\begin{pmatrix} a_1' & a_2' & a_3' \\ b_1' & b_2' & b_3' \\ c_1' & c_2' & c_3' \end{pmatrix}$ 为旋转矩阵的九个分量。

圆柱体轮廓线上每个点的坐标在模型坐标系和物方坐标系间的完整转换为：其中 A 为圆柱体轮廓上的任意一点在模型坐标系中的坐标，A' 为与 A 对应的在物方坐标系中的坐标（图 5.4）。

$$A' = R\_M \times A + T\_M \quad （5.11）$$

在模型坐标系中，利用式（5.7），式（5.8）计算得到圆柱体轮廓上的所有点模型坐标，并将其代入式（5.11），就可以得到

$$\begin{pmatrix} X' \\ Y' \\ Z' \end{pmatrix} = \begin{pmatrix} a_1' & a_2' & a_3' \\ b_1' & b_2' & b_3' \\ c_1' & c_2' & c_3' \end{pmatrix} \begin{pmatrix} R\cos\theta \\ R\sin\theta \\ \varepsilon H \end{pmatrix} + \begin{pmatrix} X_0 \\ Y_0 \\ Z_0 \end{pmatrix} \quad （5.12）$$

式中：X'，Y'，Z' 为所有点在物方坐标系下相应的物方坐标；R 为圆柱体的半径，$\begin{pmatrix} a_1' & a_2' & a_3' \\ b_1' & b_2' & b_3' \\ c_1' & c_2' & c_3' \end{pmatrix}$ 为式（5.10）计算出来的旋转矩阵。

将利用式（5.12）计算得到的所有的物方点坐标代入式（5.3），就可以得到基于圆柱体数学模型的广义点摄影测量的构像方程式（5.13）。

$$
\begin{cases}
x_i - x_0 - \Delta x = -f \dfrac{a_1(r(a_1' \cos\theta + a_2' \sin\theta) + a_3'\partial H + X_0 - X_s) + b_1(rb_2' \sin\theta + b_3'\partial H + Y_0 - Y_s)}{a_3(r(a_1' \cos\theta + a_2' \sin\theta) + a_3'\partial H + X_0 - X_s) + b_3(rb_2' \sin\theta + b_3'\partial H + Y_0 - Y_s)} \\[2mm]
\quad + \dfrac{c_1(r(c_1' \cos\theta + c_2' \sin\theta) + c_3'\partial H + Z_0 - Z_s)}{c_3(r(c_1' \cos\theta + c_2' \sin\theta) + c_3'\partial H + Z_0 - Z_s)} \left(135^\circ \geqslant |\alpha| \geqslant 45^\circ\right) \\[4mm]
y_i - y_0 - \Delta y = -f \dfrac{a_2(r(a_1' \cos\theta + a_2' \sin\theta) + a_3'\partial H + X_0 - X_s) + b_2(rb_2' \sin\theta + b_3'\partial H + Y_0 - Y_s)}{a_3(r(a_1' \cos\theta + a_2' \sin\theta) + a_3'\partial H + X_0 - X_s) + b_3(rb_2' \sin\theta + b_3'\partial H + Y_0 - Y_s)} \\[2mm]
\quad + \dfrac{c_2(r(c_1' \cos\theta + c_2' \sin\theta) + c_3'\partial H + Z_0 - Z_s)}{c_3(r(c_1' \cos\theta + c_2' \sin\theta) + c_3'\partial H + Z_0 - Z_s)} \left(|\alpha| \leqslant 45^\circ \text{ 或 } |\alpha| \geqslant 135^\circ\right)
\end{cases}
\tag{5.13}
$$

式中：r 为圆柱体底面圆或顶面圆的半径；X_s, Y_s, Z_s 是相机在物方坐标系中位置坐标；(a_j, b_j, c_j)，$j=1,2,3$ 为物方坐标系下由相机内参数中角元素构成的旋转矩阵；X_0, Y_0, Z_0 为物方坐标系中圆柱体底面圆圆心的物方坐标；θ 对于顶面或底面圆来说，为其轮廓点离散化的采样间隔，对于母线来说，θ 为图像上可视母线对应的角度值；f 为相机的焦距；(x_i, y_i) 为圆柱体轮廓在图像上的成像坐标；(x_0, y_0) 为像主点坐标；$(\Delta x, \Delta y)$ 为畸变差改正值。

$$
\begin{cases}
\Delta x = (x_i - x_0)(K_1 r^2 + K_2 r^4) + p_1 \left[r^2 + 2(x_i - x_0)^2 + 2P_2(x_i - x_0)(y_i - y_0) \right] \\[2mm]
\Delta y = (y_i - y_0)(K_1 r^2 + K_2 r^4) + p_2 \left[r^2 + 2(y_i - y_0)^2 + 2P_1(x_i - x_0)(y_i - y_0) \right]
\end{cases}
$$

$$
\tag{5.14}
$$

式中 $r^2 = (x - x_0)^2 + (y - y_0)^2$；$K_1, K_2$，$P_1, P_2$ 为标定获取的径向畸变差参数和偏心畸变差参数。

从式（5.13）可以得出构像方程中空间圆柱体有 7 个未知参数：圆柱体的高度 H，圆柱体底面圆心的物方坐标 (X_0, Y_0, Z_0)，圆柱体物方坐标系与模型坐标系之间存在的两个旋转角度值 φ'，ω'，圆柱体的半径 R。

假设点 P 是圆柱体的底面圆或顶面圆轮廓线上任一物方点在图像上的投影（图 5.5），所以对于圆柱体的底面圆或顶面圆轮廓线来说，每个点构象方程的选择是根据 P 点所在位置的切向量方向角 α 来确定的。

而对于母线来说，母线在图像上投影形成的直线的方向确定了每个点使用的构象方程。

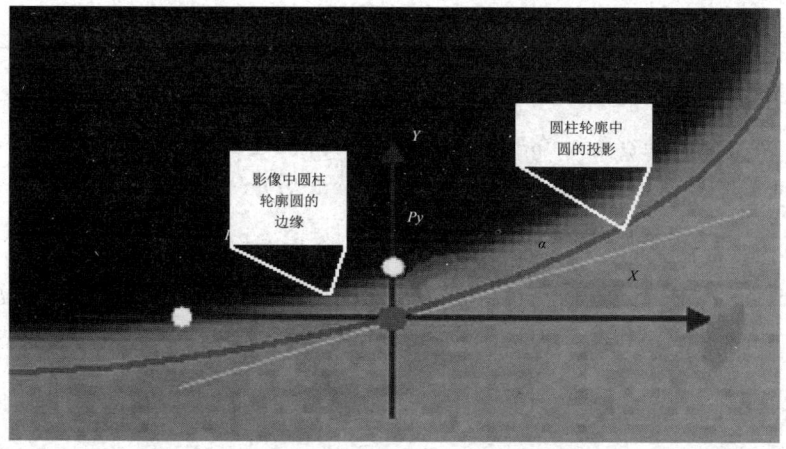

图 5.5 圆柱轮廓中圆的广义点摄影测量模型

将构象方程式（5.13）线性化，即可得到基于模型和广义点摄影测量的圆柱体视觉测量数学平差模型。

$$
\begin{cases}
\mathrm{d}x = \dfrac{\partial x}{\partial X_0}\Delta X_0 + \dfrac{\partial x}{\partial Y_0}\Delta Y_0 + \dfrac{\partial x}{\partial Z_0}\Delta Z_0 + \dfrac{\partial x}{\partial R}\Delta R + \dfrac{\partial x}{\partial H}\Delta H + \dfrac{\partial x}{\partial \phi}\Delta \phi + \dfrac{\partial x}{\partial \omega}\Delta \omega\ (135°\geqslant|\alpha|\geqslant 45°) \\[2mm]
\mathrm{d}y = \dfrac{\partial y}{\partial X_0}\Delta X_0 + \dfrac{\partial y}{\partial Y_0}\Delta Y_0 + \dfrac{\partial y}{\partial Z_0}\Delta Z_0 + \dfrac{\partial y}{\partial R}\Delta R + \dfrac{\partial y}{\partial H}\Delta H + \dfrac{\partial y}{\partial \phi}\Delta \phi + \dfrac{\partial y}{\partial \omega}\Delta \omega\ (|\alpha|\geqslant 135°\text{或}|\alpha|\leqslant 45°)
\end{cases}
$$

（5.15）

式中各系数方程式为

$$
\begin{cases}
\dfrac{\partial x}{\partial X_0} = -\dfrac{1}{Z}[a_1 f + a_3(x-x_0)] \\[2mm]
\dfrac{\partial x}{\partial Y_0} = -\dfrac{1}{Z}[b_1 f + b_3(x-x_0)] \\[2mm]
\dfrac{\partial x}{\partial Z_0} = -\dfrac{1}{Z}[c_1 f + c_3(x-x_0)]
\end{cases}
$$

（5.16）

$$
\begin{cases}
\dfrac{\partial x}{\partial R} = -\dfrac{1}{Z}\{[a_1(a_1'\cos\theta + a_2'\sin\theta) + b_1 b_2'\sin\theta + c_1(c_1'\cos\theta + c_2'\sin\theta)]f \\[2mm]
\quad +[a_3(a_1'\cos\theta + a_2'\sin\theta) + b_3 b_2'\sin\theta + c_3(c_1'\cos\theta + c_2'\sin\theta)](x-x_0)\} \\[2mm]
\dfrac{\partial x}{\partial H} = -\dfrac{1}{Z}[(a_1 a_3' + b_1 b_3' + c_1 c_3')\partial f + (a_3 a_3' + b_3 b_3' + c_3 c_3')\partial(x-x_0)]
\end{cases}
$$

（5.17）

107

$$\begin{cases}\dfrac{\partial x}{\partial \varphi'} = -\dfrac{1}{Z}\{[(c_1\cos\varphi' - a_1\sin\varphi')R\cos\theta - (a_1\cos\varphi' + c_1\sin\varphi')R\sin\omega'\sin\theta \\ -(a_1\cos\varphi' + c_1\sin\varphi')\cos\omega'\partial H]f + [(c_3\cos\varphi' - a_3\sin\varphi')R\cos\theta - (a_3\cos\varphi' + \\ c_3\sin\varphi')R\sin\omega'\sin\theta - (a_3\cos\varphi' + c_3\sin\varphi')\cos\omega'\partial H](x - x_0)\} \\[2mm] \dfrac{\partial x}{\partial \omega'} = -\dfrac{1}{Z}\{[(c_1\cos\varphi'\cos\omega' - a_1\sin\varphi'\cos\omega' - b_1\sin\omega')R\sin\theta + (a_1\sin\varphi'\sin\omega' \\ -b_1\cos\omega' - c_1\cos\varphi'\sin\omega')\partial H]f + [(c_3\cos\varphi'\cos\omega' - a_3\sin\varphi'\cos\omega' - b_3\sin\omega')R\sin\theta \\ +(a_3\sin\varphi'\sin\omega' - b_3\cos\omega' - c_3\cos\varphi'\sin\omega')\partial H](x - x_0)\} \end{cases}$$

$$（5.18）$$

$$\begin{cases}\dfrac{\partial y}{\partial X_0} = -\dfrac{1}{Z}[a_2 f + a_3(y - y_0)] \\[2mm] \dfrac{\partial y}{\partial Y_0} = -\dfrac{1}{Z}[b_2 f + b_3(y - y_0)] \\[2mm] \dfrac{\partial y}{\partial Z_0} = -\dfrac{1}{Z}[c_2 f + c_3(y - y_0)] \end{cases} \qquad （5.19）$$

$$\begin{cases}\dfrac{\partial y}{\partial R} = -\dfrac{1}{Z}\{[a_2(a_1'\cos\theta + a_2'\sin\theta) + b_2 b_2'\sin\theta + c_2(c_1'\cos\theta + c_2'\sin\theta)]f \\ +[a_3(a_1'\cos\theta + a_2'\sin\theta) + b_3 b_2'\sin\theta + c_3(c_1'\cos\theta + c_2'\sin\theta)](y - y_0)\} \\[2mm] \dfrac{\partial y}{\partial H} = -\dfrac{1}{Z}[(a_2 a_3' + b_2 b_3' + c_2 c_3')\partial f + (a_3 a_3' + b_3 b_3' + c_3 c_3')\partial(y - y_0)] \end{cases} \qquad （5.20）$$

$$\begin{cases}\dfrac{\partial y}{\partial \varphi'} = -\dfrac{1}{Z}\{[(c_2\cos\varphi' - a_2\sin\varphi')R\cos\theta - (a_2\cos\varphi' + c_2\sin\varphi')R\sin\omega'\sin\theta \\ -(a_2\cos\varphi' + c_2\sin\varphi')\cos\omega'\partial H]f + [(c_3\cos\varphi' - a_3\sin\varphi')R\cos\theta - (a_3\cos\varphi' + \\ c_3\sin\varphi')R\sin\omega'\sin\theta - (a_3\cos\varphi' + c_3\sin\varphi')\cos\omega'\partial H](y - y_0)\} \\[2mm] \dfrac{\partial y}{\partial \omega'} = -\dfrac{1}{Z}\{[(c_2\cos\varphi'\cos\omega' - a_2\sin\varphi'\cos\omega' - b_2\sin\omega')R\sin\theta + (a_2\sin\varphi'\sin\omega' \\ -b_2\cos\omega' - c_2\cos\varphi'\sin\omega')\partial H]f + [(c_3\cos\varphi'\cos\omega' - a_3\sin\varphi'\cos\omega' - b_3\sin\omega')R\sin\theta \\ +(a_3\sin\varphi'\sin\omega' - b_3\cos\omega' - c_3\cos\varphi'\sin\omega')\partial H](y - y_0)\} \end{cases}$$

$$（5.21）$$

$$\begin{cases} \mathrm{d}x = x - x' \ (135° \geqslant |\alpha| \geqslant 45°) \\ \mathrm{d}y = y - y' \ (|\alpha| \leqslant 45°或|\alpha| \geqslant 135°) \end{cases}$$ （5.22）

式中：$\mathrm{d}x$，$\mathrm{d}y$ 为常数项；x,y 为物方圆柱体轮廓点在图像上投影坐标；x',y' 为从图像上提取出的圆柱体的轮廓点坐标。

5.4 圆柱体高精度三维重建与视觉检测流程

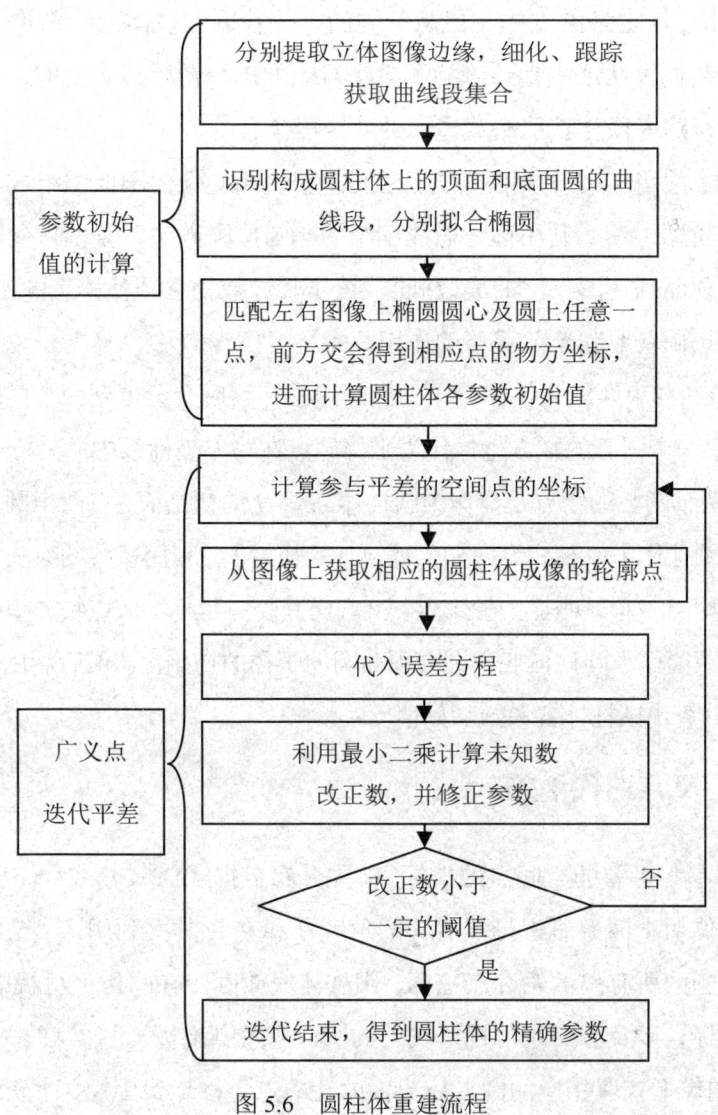

图 5.6 圆柱体重建流程

109

重建流程见图 5.6 所示，通过上面的过程已经建立了圆柱体的几何模型以及平差模型，接下来介绍如何利用这些模型，通过图像来重建圆柱体的位置和几何参数，主要步骤包括圆柱体初始参数值的计算和广义点迭代平差两个过程。

5.4.1 圆柱体初始参数值的计算

1）利用已标定好的立体相机从不同的方位获取圆柱体两幅图像，然后通过 Canny 边缘检测算法或其他边缘检测方法对图像进行初始边缘提取，并对其边缘进行细化、跟踪等操作获取组成边缘的曲线段集合。

2）从曲线段集合中利用曲率方法去除直线轮廓，保留图像中组成圆柱体上下椭圆的部分轮廓，然后利用边缘曲线编组的椭圆拟合方法，分别得到圆柱体轮廓中底面圆和顶面圆在图像上的成像椭圆。该步骤涉及物方圆柱体系的原点和方向，对初始值的正确获取起至关重要的作用。

3）用核线约束匹配立体图像中的椭圆圆心，然后交会得到两个椭圆心的物方坐标。将其中一个圆心的物方坐标作为坐标原点在物方坐标系中的坐标 (X_0, Y_0, Z_0) 的初始值，两个圆心的物方距离作为圆柱体高度 H 的初始值，将两个圆心构成的方向向量作为圆柱体中心轴线方向 (V_x, V_y, V_z) 的初始值。利用核线约束从立体像对中的椭圆上匹配出一对最明显的轮廓点，交会出其物方坐标，该点物方坐标与所在椭圆的圆心的距离作为圆柱体底面圆或顶面圆的半径的初始值。最后利用式（5.9）和式（5.10）计算出圆柱体各参数初始值。

5.4.2 广义点迭代平差

1）计算参与平差的空间点的坐标。首先分布根据式（5.4），式（5.5）和式（5.6）计算出立体像对上两条可视母线对应的角度 θ_1 和 θ_2，其次利用式（5.12）采样出圆柱体顶面圆的所有离散轮廓点坐标、圆柱体底面圆中在图像上可视的 θ_1 和 θ_2 间的轮廓点坐标，以及和两条可视母线上的所有离散点坐标。

2）从图像上获取相应的圆柱体成像的轮廓点。将步骤 1 ）中计算得到的物方轮廓离散点全部反投影到图像上，用椭圆方程分别拟合顶面圆和底面圆在图像上的投影点，用直线分布拟合两条可视母线上的投影点。沿椭圆法线方向上搜索梯度变化最大的点作为该物方点对应的像方轮廓点，在母线法线方向上搜索梯度变化最大的点作为母线上物方点对应的像方轮廓点。

3）将参与平差的所有轮廓点代入误差方程，然后根据最小二乘平差计算未知数改正数，并利用改正数修正相应未知参数，循环迭代上面的步骤，直至改正数小于设定的阈值，结束迭代过程，得到圆柱体精确的位置和形状参数。

5.5　实验结果与分析

本章将采用两个 130 万像素的 CMOS 相机组成立体视觉测量设备进行实验，以此验证提出方法的可行性和有效性，硬件实验装置如图 5.7 所示。

图 5.7　实验装置

利用平面检校板的方法对立体相机进行检校，具体方法参照第 4 章，这里不再赘述，检校参数如表 5.1 所示，检查点反投影中误差约为 0.27 个像素。

表 5.1　相机检校参数值　　　　单位：mm

参数	左相机	右相机
x_0	−0.2012	0.1361
y_0	0.2494	−0.2387
f	11.9834	11.9773

参数	左相机	右相机
K_1	−6.574456e−004	−8.407579e−004
K_2	9.460546e−006	1.464184e−005
P_1	−7.096798e−005	0.0002071986
P_2	−1.201316e−004	−3.018581e−004
X_S	−77.646232	77.646232
Y_S	0.000000	0.000000
Z_S	293.624127	293.624127
φ	−0.219029	0.275467
ω	−0.062748	−0.040691
κ	3.115609	−3.107871

图 5.8　获取的立体图像实例

利用标定好的立体相机获取一圆柱类零件的立体图像来进行圆柱体重建试验，图 5.8 即为其中的一组立体图像实例。具体实验步骤如下。

5.5.1　边缘检测法

用 Canny 对圆柱体图像进行边缘提取，并对提取的边缘进行细化、跟踪，详细的跟踪过程如下（这里的跟踪考虑了可能涉及零件不同面的特征交点等复杂情况）：

1）首先对图像上每一个边缘点赋一个属性值：①普通类型（Normal），指该边缘点的八邻域内有两个相邻点；②交叉点类型（Crossing），指其八邻域内有三个以上的相邻点，并记录邻接点的个数（便于后面的跟踪）；③顶点类型（End），指其八邻域内只有一个相邻点；④孤立点，指其八邻域内没有相邻点，这类点一般为噪声点，不参与跟踪。

2）从 Crossing 类型点开始跟踪（同时其邻接点个数减 1），沿八邻域内逆时针方向进行搜索，如果有相邻点且相邻点属于 Normal 类型则记录，并将此相邻点标记为背景点，再设该点为当前点，在该当前点的八邻域内以同样的方法沿逆时针方向搜索，以此类推，直到搜索到 Crossing 类型点或 End 类型点结束，如果结束点是 Crossing 点，则将其邻接点数减 1；如果是 End 点，则将其标记删除，表明此点已被搜索，后面不再进行搜索。这样在搜索出一条曲线段后，再回到开始的 Crossing 点，如果其邻接点数不为 0，则继续从这个 Crossing 点按上面方法进行搜索；如果为 0，则从下一个 Crossing 点继续搜索。直至搜索完所有的 Crossing 类型点所在的所有曲线段。

3）从 End 类型点开始搜索，用上面相同的搜索方法，直至搜索完所有 End 类型点所在的所有曲线段。

4）再对图像从左上角开始搜索一遍。此时图像中只剩下 Normal 类型的边缘点，所以该步骤将搜索既不包含 Crossing 类型点也不包含 End 类型点的曲线，即闭合曲线，如圆等。具体方法为：①从图像左上角开始从上到下，从左到右搜索，遇到边缘点，就以该点为当前点开始搜索，记录其邻接点；②以该邻接点为当前点往下搜索（搜索到的点全部置为背景点，以防重复搜索）；③以此类推，搜索完整条曲线段，再回到该曲线段的起始点开始往下找边缘点，找到边缘点就用上面方法搜索曲线段，直至整幅图像搜索完毕。初始边缘提取结果和边缘跟踪结果如图 5.9 和图 5.10 所示。

图 5.9　初始边缘提取细化后的结果

图 5.10　边缘跟踪结果

5.5.2　删除曲线段中的直线部分

对于每条曲线段，每隔若干点计算一个曲率，如果出现连续几个以上相同的曲率，则判定此处有直线，利用曲率相同的这些点拟合一个直线，对于曲线段上所有的点，判断其到这条直线的距离，小于一定阈值，认为该点是直线的点，删除。结果如图 5.11 所示。

图 5.11　删除包含的直线段后剩下的曲线边缘

5.5.3　对于剩下的边缘进行椭圆拟合

1）判断两条相邻曲线段是否属于同一个椭圆，这里首先定义一个合并矩阵：

$$MM = \begin{bmatrix} \ddots & & \\ & MM_{ij} & \\ & & \ddots \end{bmatrix}_{N \times N} \tag{5.23}$$

$$MM_{ij} = D(CS_i, CS_j)\theta(CS_i, CS_j) \tag{5.24}$$

式中：MM 是个 $N \times N$ 阶对称矩阵。N 为曲线段的数量；MM_{ij} 为判断第 i 段曲线段和第 j 段曲线段是否可以被合并的参数值。当第 i 段曲线（CS_i）的端点与第 j 段曲线（CS_j）上的一个端点相近时，$D(CS_i, CS_j)$ 项的值为 1，反之为 0。详见下式：

$$D(CS_i, CS_j) = \begin{cases} 1 & d(CS_i, CS_j) < th \\ 0 & \text{otherwise} \end{cases} \tag{5.25}$$

式中：$d(CS_i, CS_j)$ 为 CS_i 和 CS_j 端点的最小距离；th 为限差。

$\theta(CS_i, CS_j)$ 用来判断两个曲线段的斜率是否相近，其定义为

$$\theta(CS_i, CS_j) = \frac{1}{1 + \dfrac{|\theta_i - \theta_j|}{\pi/2}} \tag{5.26}$$

式中：θ_i 和 θ_j 为 CS_i 和 CS_j 段曲线相近点处的斜率；分母中的 1 是为了避免除数 0。

2）用曲线段及相应的合并判断值拟合椭圆方法如下：

（a）从曲线段集合中选出一个曲线段 CS_i。

（b）对于所有满足 $MM_{ij} >$ threshold 的 CS_j，构造一个 CS_i^* 集，即：

$$CS_i^* = \{\forall CS_j \mid MM_{ij} > \text{threshold}, j = 1, \ldots, N\}$$

（c）利用 CS_i^* 中包含的所有曲线段拟合一个椭圆。

（d）对拟合出的椭圆，计算每个曲线段 CS_s 的拟合精度（此处是找不相邻的但是属于同一个椭圆的曲线段）。

其中精度评定方法为

$$A(CS,EE)=\frac{\sum\limits_{(x,y)}\dfrac{E(x+i,y+j)}{d_{xy}}}{\#\text{eff}}$$ （5.27）

式中：$E(x+i,y+j)$ 是用来对曲线段上给定的一个点（x,y）。判断椭圆上是否有与之相近的点，如果椭圆上有一个点（$x+i,y+j$）与（x,y）位置重合或非常接近，则 $E(x+i,y+j)$ 返回值为 1，否则为 0，i 和 j 指与之相近的椭圆上的点（$x+i,y+j$）和该点（x,y）在 x,y 方向的位移。#eff 是曲线段上所有像素点的数量。$d_{x,y}=e^{\frac{|i|+|j|}{4}}$ 是一个距离参数，主要用来削弱噪声像素点的影响。

（e）对精度大于特定阈值的所有 CS_j 构造一个新的曲线段集合 $CS_i^{*\text{new}}$。

（f）比较判断分别利用 CS_i^* 和 $CS_i^{*\text{new}}$ 拟合出来的椭圆是否有差异，如果没有差异，则成功找到了一个椭圆（图 5.12），即可删除曲线段图像中 CS_i^* 集合中 CS_s；反之，则回到第三步，并令 $CS_i^*=CS_i^{*\text{new}}$。

（g）检查曲线段集合中是否为空，如果是，则结束；反之，则返回第(a)步。

最终拟合结果如图 5.12 所示。

图 5.12 椭圆拟合的结果（叠加在提取的边缘曲线段上）

5.5.4 计算圆柱参数的初始值

利用上节描述的计算初始值的方法得到圆柱体的初始参数值，并利用初始参数值将圆柱体反投影到图像上，从图 5.13 的初始值反投影图像上可以看出获取的初始值比较准确，这充分保证了接下来的广义点平差的快速收敛。

图 5.13   初始圆柱体轮廓反投结果

5.5.5   利用广义迭代平差求出最终的圆柱参数

1）将圆柱上面圆和下面圆全部投到图像上，然后分别拟合一个椭圆。

2）将圆柱体顶面圆和底面圆在图像上的可视部分每隔 6°、可视母线间隔 0.01H 采样离散轮廓点。对于参与平差的上下圆中的部分的每个点（图 5.14），先根据拟合的椭圆算其切线方向根据切线方向判断使用 x 还是 y 方向的误差方程（小于 45°用 y 方向的，大于等于 45°用 x 方向的）如式（5.28），然后在切线的垂直方向即法线方向上从原图像中提取梯度变换最大的点，作为真实值点。

$$
\begin{aligned}
l_x &= x - x' \left(|\theta| \geqslant 45° \right) \\
l_y &= y - y' \left(|\theta| < 45° \right)
\end{aligned}
\tag{5.28}
$$

式中：l_x 为反投影点与真实值点间的 x 方向的差值；l_y 为反投影点与真实值点间的 y 方向的差值。

3）利用拟合的两个椭圆的圆心求出图像上母线的方向，根据母线方向判断对于母线上的点选用哪个误差方程。

4）将所有的参与平差的点（图 5.14）代入误差方程后，利用最小二乘方法，算出参数改正数，并用改正数改正相应参数后，循环上面的步骤，直至改正数小于设定的阈值，结束循环迭代过程，得到圆柱体精确的形状和位置参数（表 5.2），其反投影结果见图 5.15 所示。

图 5.14　参与平差的点

表 5.2　计算出的圆柱参数值　　　　　　　　　单位：mm

参数	初始值	精确值	中误差
X_0	6.1036210060120	6.1720891501904	0.00605
Y_0	-11.857827186584	-12.335501384910	0.01018
Z_0	39.055160522461	39.345874820816	0.01658
R	16.407286742042	15.973174411726	0.00329
H	45.943219766355	46.023979934463	0.01066
φ'	-0.00224150609076	-0.0014295326925	0.00032
ω'	3.9889500727791	3.9877887046444	0.00059

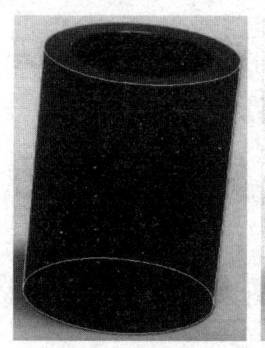

图 5.15　重建后圆柱体轮廓反投影结果

重建前后细节放大图如图 5.16 所示，可以看出利用重建后的精确参数将圆柱体反投到图像上后，其轮廓完全与图像上提取的真实轮廓套合在一起了，该结果表明，在没有任何有关圆柱体的空间位置与尺寸参数的先验值的条件下，本章提出的方法能精确、全自动地重建出空间圆柱体。由于无法获取该实验零件的设计值，本书将本章的测量的结果与游标卡尺及其他方法的测量结果进行比较。10 次测量平均值统计结果如表 5.3 所示，从表 5.3 中数据可以看出在该实验装置下检测精度能够达到 ± 0.03mm 以内，并且从表 5.3 第四列和表 5.4，表 5.5 可以看出广义点的加入大大提高了收敛速度。在实验的后期又借用了一个已经三坐标量测值的较大圆柱体进行了实验，其初始值反投影结果如图 5.17 所示，最终的精确参数反投影结果如图 5.18 所示。从 5.19 的细节图可以看出迭代后圆柱体精确参数反投影的轮廓与图像的真实轮廓准确的套合到了一起，从表 5.6 比较中可以看出其检测精度能达到量测需求，并且迭代收敛速度也大大加快了。

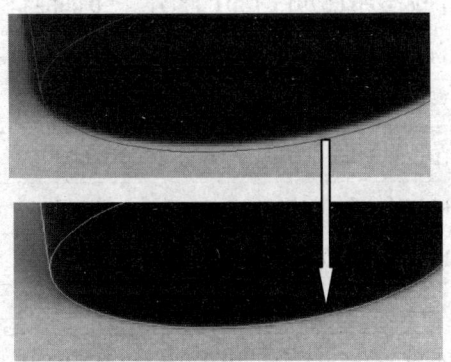

图 5.16　重建前后细节比较

表 5.3　圆柱体 2 重建结果平均值及迭代次数比较

检测方法	半径 R/mm	高度 H/mm	迭代次数/次
三坐标量侧仪结果	17.9034	53.4437	—
其他方法测量结果	17.9101	53.4406	42
本文方法测量结果	17.9078	53.4453	13

表 5.4　文献方法迭代次数及其每次迭代改正数

次数	d_{X_0}	d_{Y_0}	d_{Z_0}	d_R	d_H	$d_{\varphi'}$	$d_{\omega'}$
1	0.032975	−0.145677	0.159240	0.004835	−0.006602	0.000528	−0.002061

次数	d_{X_0}	d_{Y_0}	d_{Z_0}	d_R	d_H	$d_{\varphi'}$	$d_{\omega'}$
2	0.018979	−0.122731	0.107794	0.018770	0.007557	0.000125	−0.001237
3	0.008608	−0.075176	0.039147	0.012930	−0.011940	0.000034	−0.000228
4	0.002922	−0.044882	0.012972	0.009418	−0.016218	0.000044	0.000189
5	0.002449	−0.026690	−0.001460	0.006196	−0.015434	−0.000035	0.000320
6	0.000730	−0.016042	−0.004627	0.004114	−0.011354	0.000012	0.000314
7	0.000009	−0.010184	−0.004630	0.002809	−0.006969	0.000029	0.000275
8	0.000099	−0.006852	−0.003752	0.001776	−0.003195	0.000007	0.000226
9	0.000197	−0.004806	−0.002915	0.000991	−0.000234	−0.000007	0.000177
10	0.000197	−0.003474	−0.002160	0.000464	0.001955	−0.000013	0.000131
11	0.000175	−0.002562	−0.001598	0.000114	0.003256	−0.000016	0.000097
12	0.000122	−0.001912	−0.001176	−0.000110	0.003969	−0.000014	0.000069
13	0.000079	−0.001447	−0.000872	−0, 000250	0.004249	−0.000012	0, 000049
14	0.000058	−0.001102	−0.000644	−0.000326	0.004273	−0.000011	0.000033
15	0.000035	−0.000845	−0.000483	−0.000358	0.004108	−0.000009	0.000021
16	0.000018	−0.000649	− 0.000358	−0.000363	0.003831	−0.000007	0.000012
17	0.000009	−0.000498	−0.000254	−0.000347	0.003492	−0.000006	0.000006
18	0.000002	−0.000383	−0.000179	−0.000321	0.003132	−0.000005	0.000002
19	0.000000	−0.000293	−0.000123	−0.000291	0.002760	−0.000004	−0.000001
20	−0.000001	−0.000223	−0.000080	−0.000258	0.002401	−0.000004	−0.000003
21	−0.000004	−0.000170	−0.000051	−0.000224	0.002071	−0.000003	−0.000003
22	−0.000006	−0.000128	−0.000030	−0.000193	0.001776	−0.000002	−0.000004
23	−0.000008	−0.000095	−0.000016	−0.000165	0.001512	−0.000001	−0.000004
24	−0.000008	−0.000071	−0.000008	−0.000141	0.001275	−0.000001	−0.000004
25	−0.000007	−0.000052	−0.000004	−0.000119	0.001071	−0.000001	−0.000004
26	−0.000005	−0.000038	0.000002	−0.000100	0.000893	0.000000	−0.000003
27	−0.000005	−0.000027	0.000006	−0.000084	0.000740	0.000000	−0.000003

续表

次数	d_{X_0}	d_{Y_0}	d_{Z_0}	d_R	d_H	$d_{\varphi'}$	$d_{\omega'}$
28	−0.000004	−0.000020	0.000005	−0.000070	0.000611	0.000000	−0.000003
29	−0.000003	−0.000014	0.000007	−0.000058	0.000505	0.000000	−0.000002
30	−0.000003	−0.000009	0.000008	−0.000047	0.000411	0.000000	−0.000002
31	−0.000002	−0.000006	0.000007	−0.000040	0.000337	0.000000	−0.000002
32	−0.000001	−0.000004	0.000006	−0.000032	0.000275	0.000000	−0.000002
33	−0.000001	−0.000002	0.000006	−0.000026	0.000224	0.000000	−0.000001
34	−0.000001	−0.000001	0.000005	−0.000021	0.000182	0.000000	−0.000001
35	−0.000001	0.000000	0.000006	−0.000018	0.000147	0.000000	−0.000001
36	−0.000001	0.000000	0.000003	−0.000014	0.000118	0.000000	−0.000001
37	0.000000	0.000001	0.000003	−0.000011	0.000095	0.000000	−0.000001

表 5.5　本章方法迭代次数及其每次迭代改正数

次数	d_{X_0}	d_{Y_0}	d_{Z_0}	d_R	d_H	$d_{\varphi'}$	$d_{\omega'}$
1	0.014521	−0.185615	0.200515	0.199595	0.141362	0.002569	−0.004277
2	−0.000141	0.035943	0.128239	0.014979	−0.023107	0.000507	−0.003512
3	−0.001651	0.000437	0.001420	0.004913	−0.098313	0.000112	0.000300
4	−0.000308	−0.005725	−0.004590	0.004661	−0.071671	0.000002	0.000801
5	−0.000336	−0.002589	−0.000545	0.002471	−0.038926	0.000020	0.000405
6	−0.000410	−0.001189	0.000301	0.001513	−0.021124	0.000029	0.000222
7	−0.000271	−0.000731	0.000285	0.000875	−0.011075	0.000016	0.000138
8	−0.000179	−0.000392	0.000239	0.000462	−0.005553	0.000012	0.000075
9	−0.000091	−0.000189	0.000177	0.000216	−0.002651	0.000006	0.000038
10	−0.000049	−0.000090	0.000100	0.000101	−0.001258	0.000004	0.000018
11	−0.000025	−0.000041	0.000055	0.000047	−0.000586	0.000001	0.000009
12	−0.000013	−0.000018	0.000029	0.000021	−0.000272	0.000001	0.000004

次数	d_{X_0}	d_{Y_0}	d_{Z_0}	d_R	d_H	$d_{\varphi'}$	$d_{\omega'}$
13	−0.000006	−0.000011	0.000012	0.000010	−0.000125	0.000000	0.000002
14	−0.000002	−0.000004	0.000006	0.000004	−0.000053	0.000000	0.000001

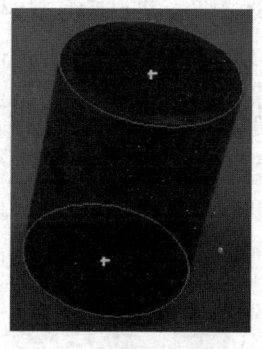

图 5.17　圆柱体 2 初始值反投结果

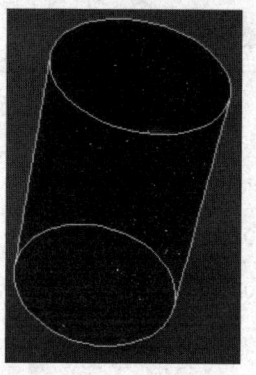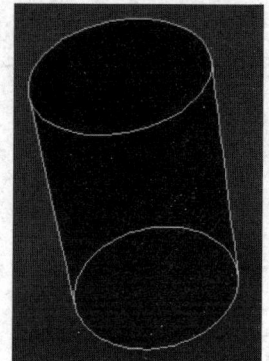

图 5.18　圆柱体 2 重建后圆柱体轮廓反投影结果

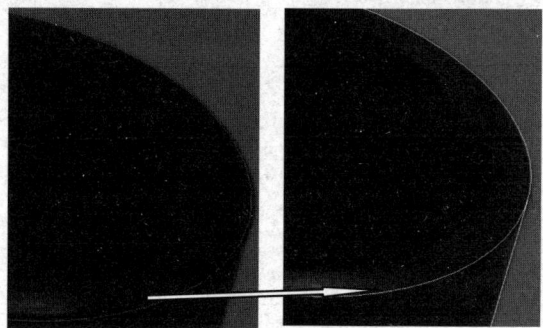

图 5.19　圆柱体 2 重建前后细节比较

5.6   本章小结

本章利用广义点摄影测量理论，结合圆柱体的数学模型，基于立体相机，提出了一种不需要任何有关圆柱体的空间位置与尺寸参数先验值的圆柱类零件全自动三维重建与视觉检测的方法，并推导了基于广义点摄影测量的圆柱体数学平差模型及各模型参数初始值的计算方法。利用实际图像数据进行重建实验，结果表明，该方法切实可行且具有很好的重建精度，并且从实验结果统计中可以发现对广义点测量方法的收敛速度大大提高了。另外，该视觉检测方法还可以很方便地应用到其他具有数学模型的零件的质量检测等，如立方体类零件、圆锥类零件。

6 总结与未来工作

6.1 本书的主要工作

本书主要根据零件加工业中常见零件的特点，以及对高精度摄影测量技术的现实需求，研究零件几何尺寸与形状误差的视觉测量方法，这些研究不仅可以提高零件加工行业的生产效率和产品质量，而且对视觉测量技术在其他工业零件行业的应用也具有重要推动作用。本书的主要工作如下：

1）基于零件轮廓边缘点的基本图元的分割方法，提出了基于零件轮廓点的多特征联合提取方法，提高了零件边缘轮廓中特征提取的精度。

2）基于大口径远心镜头的图像采集与测量方法，提出利用大口径远心镜头的图像采集与测量方法，来克服目前现有的二维图像测量仪的缺陷，完成了硬件结构的选型与设计，研究了硬件各参数调试方法（包括远心镜头畸变评价方法、相机主光轴与工作台垂直度判定方法、基于远心镜头的图像标定方法），实现了单个或多个零件的轮廓附加约束条件的轮廓特征参数求解，以及与设计数据的自动比对等。克服了图像测量仪精度对视场的限制，可以一次性捕捉测量对象的整体图像，实现零件快速高精度的自动测量，实验证明其量测精度可以达到 0.01mm。

3）基于单数码相机的平面薄片类零件视觉测量方法，对于较大的平面薄片类零件，研究设计了基于大像幅非量测数码相机的单目视觉检测方法，完成了基于二维 DLT 和光束法平差的相机内参数的标定、基于平面控制点信息的单幅图像的外方位元素的解算、图像的畸变纠正和垂直纠正、基于轮廓线的多特征提取方法的零件特征参数求解等。将大像幅非量测数码相机用于较大平面薄片类零件检测时，其实验结果与标准数据对比表面，量测误差小于 0.1mm。

4）基于模型和广义点摄影测量的立体视觉测量方法，对于有特定几何模型的零件（如圆柱类零件），结合广义点摄影测量理论，研究并设计了对立体相机的视觉测量方法，研究了以圆柱体为例的数学模型和轮廓的表达方法，推导出了基于广义点摄影测量的平差模型，给出了三维视觉重建与检测的流程。实验结果表明，对工业零件来说，在引入广义点摄影测量后，对于无法获取严格意义上的同名点的检测对象测量可以达到很高的精度，在只使用了 130 万像素普通工业相机的情况下精度已经可以达到 0.03mm。

6.2 本书的创新点

1）提出了附约束条件的零件轮廓点多特征参数联合提取方法，提高了零件边缘轮廓中图元特征提取的精度。

2）提出了基于大口径远心镜头的平面类零件视觉测量方法，改善了目前现有的二维图像测量仪测量方法中精度对视场的限制，可以一次性捕捉测量对象的整体图像，结合多特征联合提取方法，实现了零件快速高精度的自动测量。

3）研究设计了基于大像幅非量测数码相机的单目视觉检测方法，实现对较大平面薄片类零件的快速精确测量。

4）提出了基于模型和广义点摄影测量的圆柱类零件自动视觉测量方法，事先不需要任何有关圆柱体的空间位置与尺寸参数的先验知识，即可实现圆柱体全自动的三维重建与视觉检测。在此基础上，该检测方法可以方便地利用在其他具有数学模型的零件等，如圆锥零件、立方体零件等。

6.3 需要进一步解决和研究的问题

由于研究时间有限，以及实验条件的限制，本书仅研究了零件加工行业中的部分零件检测方法，对于其行业中复杂的零件的形状与尺寸等检测来说，还需进一步的探索：

1）对于更为复杂的、没有固定模型的非平面类零件的检测方法本书中未有涉及，仍需进一步探索。随着生产的发展，这类零件的检测需求会越来越大。

2）书中的基于轮廓线的多特征提取方法中，介绍的轮廓初始角点的获取方法对图像的质量要求较高，对噪声较为敏感，需要进一步研究更具抗干扰力的轮廓初始角点提取方法。

3）目前适应性强的视觉检测系统还不存在，几乎每种视觉检测系统都是针对一种具体的检测任务，如何改变这种现状，研制出适应较多情况的、通用的视觉检测系统是未来一个重要的研究方向。

参考文献

陈亚军. 2006. 基于机器视觉的印刷品缺陷检测系统研究[D]. 西安：西安理工大学.

杜文华，王鸣，马力，等. 2001. 大视场面阵 CCD 显微测量仪[J]. 光学技术, 27（3）：266-268.

段德山. 2007. 工件非接触检测中机器视觉的研究与应用[D]. 北京：北京邮电大学.

范壮. 2006. 械零件尺寸视觉检测系统的研究[D]. 哈尔滨：哈尔滨工业大学.

冯成国，邓文怡，娄小平. 2006. 基于 PXA255 的嵌入式二维图像测量系统设计[J]. 计算机测量与控制, 14（7）：858-860.

冯文灏. 2000. 关于近景摄影机检校的几个问题[J]. 测绘通报,（10）：1-3.

冯文灏. 2004. 工业测量[M]. 武汉：武汉大学出版社.

古洪杰. 2009. 基于图像融合的小模数塑料齿轮齿形缺陷检测技术研究[D]. 长春：吉林大学.

谷口庆治. 2002. 数字图像处理：基础篇[M]. 朱虹，廖学成，乐静译. 北京：科学出版社：81-83.

管海燕. 2006. 基于序列影像的工业钣金件三维检测系统的误差分析[D]. 武汉：武汉大学.

郭永彩，高潮，胡学东，等. 2000. 高精度密度自动测量技术研究[J]. 激光杂志, 21（3）：19-26.

韩超. 2011. 基于灭点径向一致性约束的相机标定研究[D]. 南京：南京邮电大学.

贺秋伟. 2007. 基于计算机视觉的微小尺寸精密检测理论与技术研究[D]. 长春：吉林大学.

胡祺. 2005. 标准工业钣金件三维立体量测[D]. 武汉：武汉大学.

侯文广. 2006. 基于普通数码相机实现三维重建的应用研究[D]. 武汉：武汉大学.

孔兵，王昭，谭玉山. 2001. 利用共焦成像原理实现微米级的三维轮廓测量[J]. 西安交通大学学报, 35（11）：1151-1154.

李峰峰. 2012. 电子元器件的外观检测系统的研究与开发[D]. 广州：华南理工大学.

李杰，彭月英，元昌安，等. 2012. 基于数学形态学细化算法的图像边缘细化[J]. 计算机应用,（2）：514-520.

李树杰. 2010. 中国机器视觉的发展趋势[J]. 赤峰学院学报（自然科学版）, 26（1）：161-162.

李玉广，张小虎，庄萍萍. 2010. 摄像测量中光源应用研究[J]. 照明工程学报, 21（1）：19-22.

刘庆民. 2006. 基于计算机视觉的小尺寸零件精密测量技术研究[D]. 吉林：吉林大学.

刘松林. 2006. 印刷品质量在线检测机器视觉系统的设计与实现[D]. 郑州：解放军信息工程大学.

刘相滨，向坚持，阳波. 2001. 基于八邻域边界跟踪的标号算法[J]. 计算机工程与应用，（23）：125-132.

刘亚文. 2004. 利用数码相机进行房产测量与建筑物的精细三维重建[D]. 武汉：武汉大学.

卢得芳. 2009. 基于亚像素的轴类零件视觉测量方法研究[D]. 重庆：重庆大学.

娄联堂. 2005. 目标轮廓提取方法研究[D]. 武汉：华中科技大学.

吕同富，刘宝军，毕秀芝. 2003. 图像边缘提取的简单方法及应用[J]. 计算机仿真，20（4）：99-101.

马颂德，张正友. 1998. 计算机视觉—理论与算法[M]. 科学出版社.

浦昭邦，屈玉福，王亚爱. 2003. 视觉检测系统中照明光源的研究[J]. 仪器仪表学报，24（4）：438-439.

邱茂林，马颂德，李毅. 2000. 计算机视觉中摄像机定标综述[J]. 自动化学报，（1）：43-55.

求是科技. 2006. VisualC++数字图像处理典型算法及实现[M]. 北京：人民邮电出版社.

沈满德. 2009. 基于计算机视觉的破片参数精密测量技术研究[D]. 北京：中国科学院研究生院.

孙双花. 2007. 视觉测量关键技术及在自动检测中的应用[D]. 天津：天津大学.

陶俊. 2005. 基于投影器—数码相机系统的三维重建[D]. 武汉：武汉大学.

陶力. 2011. 热真空环境下视觉测量方法研究[D]. 天津：天津大学.

田思，袁占亭. 2000. 计算机视觉系统框架的新构思[J]. 计算机工程与应用，（6）：57-59.

王福生，齐国清. 2006. 二值图像中目标物体轮廓的边界跟踪算法[J]. 大连海事大学学报，（1）：62-67.

王梁. 2009. 基于机器视觉的啤酒灌装质量检测系统研究[D]. 镇江：江苏大学.

王向军，王凤华，周鑫玲. 1998. 物像远心成像光路在高精度视觉检测中的应用[J]. 测试技术学报，（8）：149-154.

王之卓. 1980. 摄影测量原理[M]. 北京：测绘出版社.

伍济钢. 2009. 薄片零件尺寸及其视觉检测系统关键技术研究[D]. 武汉：华中科技大学.

伍济钢，宾鸿赞. 2009. 薄片零件尺寸及其视觉检测系统的研发[J]. 装配制造技术，（1）：124-130.

伍济钢，宾鸿赞. 2010. 基于曲率与HOUGH变换的平面轮廓图元识别方法研究[J]. 电子测量与仪器学报，（1）：124-130.

吴剑锋. 2003. 激光三角法测量误差分析与精度提高研究[J]. 机电工程，20（5）：89-91.

吴立德. 1993. 计算机视觉[M]. 上海：复旦大学出版社.

吴雯岑，赵辉，刘伟文，等. 2009. 精密视觉测量中照明对图像质量的影响[J]. 上海交通大学学报，43（6）：931-934+939.

吴越豪．2006．非接触式药片缺粒检测研究[D]．杭州：浙江大学．

谢丹毅．2007．药品泡罩包装缺陷机器视觉检测技术的研究[D]．长沙：中南大学．

谢文寒．2004．基于多像灭点进行相机标定的方法研究[D]．武汉：武汉大学．

杨丽凤，韩冀皖，李元宗．2001．面阵CCD高精度测量技术的应用[J]．太原爱工大学学报，32（5）：455-458．

叶声华，邾继贵，王仲，等．1999．视觉检测技术及应用[J]．中国工程科学，（1）：49-52+62．

游素亚．1997．立体视觉研究的现状与进展[J]．中国图象图形学报，2（1）：17-24．

郁道银，谈恒英．2002．工程光学[M]．北京：机械工业出版社．

翟瑞芳．2006．激光点云和数字影像结合的小型文物重建研究[D]．武汉：武汉大学．

詹总谦．2006．基于纯平液晶显示器的相机标定方法与应用研究[D]．武汉：武汉大学．

张剑清，潘励，王树根．2003．摄影测量学[M]．武汉：武汉大学出版社．

张进．2009．完整成像测量方法中轮廓测量技术的研究[D]．天津：天津大学．

张进．2010．微型零件高精度影像测量系统中关键技术研究[D]．天津：天津大学．

张俊杰．2009．微型零件完整成像测量仪技术研究[D]．天津：天津大学．

张立昆．2009．擒纵轮半自动视觉检测系统的设备构建与调整[D]．天津：天津大学．

张翔，刘媚洁，陈立伟．2002．基于数学形态学的边缘提取方法[J]．电子科技大学学报，（5）：491-494．

张秀芝．2009．基于计算机视觉的机械零件几何量精密测量技术研究[D]．吉林：吉林大学．

张永军．2002．基于序列图像的工业钣金件的三维重建与视觉检测[D]．武汉：武汉大学．

张永军．2002．利用二维DLT及光束法平差进行摄影机标定[J]．武汉大学学报信息科学版，27（6）．

张永军．2008．基于广义点摄影测量的圆和圆角矩形三维重建[J]．哈尔滨：哈尔滨工业大学学报，40（1）：136-140．

章毓晋．1999．图像处理和分析[M]．北京：清华大学出版社．

张祖勋．2004．数字摄影测量与计算机视觉[J]．武汉大学学报（信息科学版），29（12）：1035-1039+1105．

张祖勋，张剑清．1996．数字摄影测量学[M]．武汉测绘科技大学出版社．

张祖勋，张剑清．2003．一种新的基于灭点的相机标定方法[J]．哈尔滨工业大学学报，35（11）：1384-1391．

张祖勋，张剑清．2005．广义点测量及其应用[J]．武汉大学学报·信息科学版，30（1）：1-5．

赵宏伟，张晓清，冯裕钊，等．2005．基于数字图像处理的啤酒瓶静态智能检测技术[J]．机电产品开发与创新，（4）：88-90．

赵慧洁，吉相．2006．基于相位匹配的大视场视觉检测系统[J]．北京航空航天大学学报，32（6）：700-703．

赵建才，闵新力，万德安．2001．汽车形貌三维曲面测量装置的研制[J]．机械加工与自动化，（12）：18-19.

赵鹏．2009．基于机器视觉的药品包装检测技术研究[D]．长沙：湖南大学．

郑莉．2004．基于结构光的不规则工业钣金件三维曲面重建[D]．武汉：武汉大学．

郑顺义，郭宝云．2011．基于模型和广义点摄影测量的圆柱体自动三维重建与检测[J]．测绘学报，40（3）：477-482.

郑顺义，胡华亮，徐轩．2009．基于结构光和极线约束的三维重建[J]．信息化纵横，8：48-55.

郑顺义，孙明伟．2006．基于物体成像轮廓的视觉测量与重建[J]．测绘学报，35（4）：353-357.

邴继贵，王仲，叶声华．1999．三维尺寸视觉测量系统[J]．现代计量测试，（1）：19-22.

邹定海，叶声华，王春和，等．1995．用于在线测量的视觉检测系统[J]．仪器仪表学报，（4）：337-341.

邹华东，祝良荣，唐鸣．2009．大尺寸油侵密封圈精密图像测量系统的研制[J]．工具技术，（6）：123-126.

Abdel Aziz Y I, Karara H M. 2015. Direct linear transformation from comparator coordinates into object space coordinates in close-range photogrammetry [J]. Photogrammetric Engineering and Remote Sensing. 81（2）：103-107.

Asari K V. 2001. Training of a feed-forward multiple-valued neural network by error back propagation with a multilevel threshold functions[J]. IEEE Transactions on Neural Networks, 12（6）：1519-1521.

Baillard，1999. Automatic line matching and 3D reconstruction of buildings from multiple views[C]. ISPRS Conference on Automatic Extraction of GIS Objects from Digital Imagery IAPRS，32：69-80.

Batchelor B G. 1978. Automated visual inspection in industry[J]. The Industrial Robot：（5）174-176.

Batchelor B G，Braggins D W. 1992. Commercial vision systems in computer vision[J]. Theory and Industrial Applications，2064：405-452.

Bremner J F. 1986. Automatic vision inspection system for the inspection of shapes cut in sheet material[C]. IEE Conference Publication，265：40-43.

B Shen. Visible auto-measure of positional accuracy to complex objects[C]. SPIE，1998，3558：31-38.

Chen D, Sun Y. 2000. A self-learning segmentation framework the taguchi approach[J]. Computerized Medical Imaging & Graphics，24（5）：283-296.

Chen Mu-Chen. 2002. Roundness measurement for discontinuous perimeters via machine vision[J]. Computer in Industry，4：185-197.

Cleegg B S，et al. 1999. Development of an enzyme—linked immunosorbent assay for thedetection of clyphlsato[J]. Agfic. Food Chem.，47（12）：5031-5037.

Clive Fraser. 1999. Automated Vision Metrology: A Mature Technology for Industrial Inspection and Engineering Surveys[C]. 6th South East Asian Surveyors Congress, Fremantle, Western Australia, 11: 1-6.

Dajle Q. 1990. On-line inspection of extruded profile geometry[J]. Vision'90. 1-17.

Dimitrios Kosmopoulos, Theodora Varvarigou. 2001. Automatedinspection of gaps on the automobile production line through stereo vision and specular reflection[J]. Computers in Industry, 46: 49-63.

Faig W. 1975. Calibration of close-range photogrammetric systems: mathematical fomulation photogrammetric eng[J]. Remote sensing. 41 (12): 1479-1486.

Farago F T. 2007. Handbook of Dimensional Measurement[M]. Fourth edition. New York: Industrial Press.

Faugeras O D, M. S. 1990. Motion from point matches: multiplicity of solutions[J]. Computer Vision (4): 225-246.

Funck J W, Zhong Y, Butler D A, Brunner C C, et al. 2003. Image segmentation algorithms applied to wood defect detection[J]. Computers and Electronics in Agriculture (41): 157-179.

Ganapathy S. 1984. Decomposition of transformation matrices for robot vision[C]. Proc Int Conference on Robotics and Automation, 130-139.

Hahn K, Han Y, Hahn H. 2007. Line Segment Based Randomized Hough Transform [J]. The Institute of Electronics Engineers of Korea-System and Control. 44 (6): 11-20.

Hahn K, Jung S, Han Y, et al. 2008. A new algorithm for ellipse detection by curve segments[J]. Pattern Recognition Letters, 29: 1836-1841.

Hartley R I. 1995. A Linear method for reconstruction from lines and points[C]. ICCV, 466843: 882-887

Hata S, et al. 1989. Assembled PCB visual inspection machine using image processor with DSP[C]. IECON'89 15th Annual Conference of IEEE Industrial Electronics, 3: 572-577.

Huang C C, Liu S C, Yu W H. 2001. Woven fabric analysis by image processing Part II: Computing and Twist Angle[J]. Textile Research Journal, 71 (4): 362-366.

Jarvis J F. 1982. Research directions in industrial machine vision[J]. Computer, 15 (12): 55-61.

Juyang Weng. 1992. Camera Calibration with Distortion Models and Accuracy Evaluation[J]. IEEE Transactions on Pattern Analysis and Machine Intelligence, Vol. 14 No. 10: 965-980.

Kang T J, Choi S H, Kim S M. 2001. Automatic structure analysis and objective evaluation of woven fabric using image analysis[J]. Textile Research Journal, 71 (3): 261-270.

Kopp U U, Andrew J D, Manz A. 1998. Chemical amplification continuous flow PCR on a chip[J]. Science, 280(5366): 1046-1048.

Landman, M M, Roberton S J, 1986. A flexible industrial system for automated hree-dimensional inspection[C]. SPIE, 728: 203-209.

Lim K C, Lee J W. 1985. Dimension measurement of 3D object through stereometric imageprocessing[J]. Ibid, 108663: 495-508.

Longuet-Higgins. H. C. 1981. A computer algorithm for reconstruction a scene from two projections[J]. Nature, 293 (10): 133-135.

Lu R S. 2001. On-line measurement of the straightness of seamless steel pipes using machine vision technique[J]. Sensors and Actuators, 94: 417-427.

Martins H A, Brik J R, Kelly R B. 1981. Cameara models based on data from two calibration planes[J]. Computer Graphics and Imaging Processing, 17: 173-180.

Mills R. 1991. Development of a line-scan camera for 2D high accuracy measurement[J]. Machine Vision, 46(7): 267-277.

Newman T S, Jain A K. 1995. A survey of automated visual inspection[J]. Computer Vision and Image Understanding, 61 (2): 231-262.

Pavlidis T S L. 1974. Horowitz. Segmentation of Plane Curves[J]. IEEE Trans. Computers, 23: 860-870.

Perner P. 1999. An Architecture for a CBR Image Segmentation System[J]. Engineering Applications of Artificial Intelligence, 12: 749-751.

Rosin P L. 1997. Techniques for Assessing Polygonal Approximations of Curves, IEEE Trans[J]. Pattern Analysis and Machine Intelligence, 19: 659-666.

Shashua A. 1994. Trilinear functions for visual reconstruction[C]. ECCV, 94: 479-484.

Shen B. 1998. Visible auto-measure of positional accuracy to complex objects[C]. SPIE, 3558: 31-38.

Sheu H T, Hu W C. 1996. A Rotationally Invariant Two-Phase Scheme for Corner Detection[J]. Pattern Recognition, 29: 819-828.

Silven O, et al. 1986. Defect analysis method for visual inspection[C]. Proceedings-International Conference on Pattern Recognition, 9640: 868-870.

TA Clarke, X Wang, JG Fryer. 1998. The principal point and CCD cameras[J]. Photogrammetric Record. Photogrammetric

Record，16（92）：293-312.

Teh C H，Chin R T. 1989. On the Detection of Dominant Points on Digital Curves[J]. IEEE Trans. Pattern Analysis and Machine Intelligence，11：859-872.

Tsai R Y. 1986. An efficient and accurate camera calibration technique for 3D machine vision[J]. Proceeding of Computer Vision and Pattern Recognition，Miami Beach，FL，364-374.

Van den Heuvel F A. 1999. A Line-photogrammetry mathematical model for the reconstruction of polyhedral objects[J]. Proceedings of SPIE，3641：60-71.

Wei G，Ma S. 1991. Two-plane calibration: a unified model[C]. CVPR，91：133-138.

White D J，Take W A，Bolton M D. 2003. Soil deformation measurement using particle image velocimetry（PIV）and photogrammetry[J]. Ge´otechnique，53（7）：619–631.

Yao J，Kharma N，Grogono P. 2005. A multi-population genetic algorithm for robust and fast ellipse detection[J]. Pattern Analysis & Applications，8（1-2）：149-162.

Zhang Zhengyou. 2000. A Flexible New Technique for Camera Calibration[J]. IEEE Transactions on Pattern Analysis and Machine Intelligence，22（11）：1330-1334.

Zhang Z X，Zhang J Q. 2005. Generalized point photogrammetry and its application[C]. Editorial Board of Geomatics and Information Science of Wuhan University，30（1）：1-5.